楽しい気象観察図鑑

武田康男［文・写真］

JN304085

草思社

楽しい気象観察図鑑　目次

第5章　大気がつくる色

イラストレーション　福士悦子

レンズ雲

台風接近時にみられたレンズ雲のあつまりです。波状雲もみられ，はげしい空気の流れが雲の形でわかります。（千葉県柏市　6月）

第1章 雲

1-1

すべての基本、雲の見分け方をおぼえよう

気象観察の基本　10種雲形

しとしとと雨を降らせる雲と、ざーざーと雨を降らせる雲はちがいます。また、冬の雲と夏の雲もちがいますし、夕焼けのとき見られる美しい雲と、冷えた朝方にただよう雲もちがいます。雲の見分け方を知っていると、天気の移り変わり、季節の移ろい、高い空のようすなどをくわしく知ることができます。

雲は、形や高さによって10種類に分類されます。この分類の仕方は「10種雲形《しゅうんけい》」といって国際気象会議で決められたもので、世界中で使われているやり方です。この10種雲形では、まず雲を発生する高さによって上層雲（温帯地方での発生高度5〜13 km）、中層雲（2〜7 km）、下層雲（地面付近〜2 km）の3つにわけます。そのうえで、形によって上層雲を3種類、中層雲を3種類、下層雲を4種類にわけます。これで合計10種類というわけです（写真1〜10、図1、表1）。

雲の高さは？　何でできた雲？

平地で雲の高さのちがいを実感するには、朝焼けや夕焼けを見るといいでしょう。地球は球体なので、高い雲と低い雲では、地平線付近の太陽によって色づく時刻が異なります。夕焼けの場合は、低い雲が先に夕焼け雲となり（写真11）、そのあとしばらくして巻雲や巻積雲などの上層雲が赤く染まります（写真12）。反対に朝焼けのときは上層雲が先に色づきますが、下層雲は日の出近くになってやっと色づきます。雲の色も高さによって異なって見えます。このように、日の出入りのときは上層、中層、下層の雲の区別がわかりやすいのです（図2）。

また、それぞれの雲の粒は、水滴または氷晶《ひょうしょう》（小さな氷の結晶）でできています。上層の雲では気温が低いので氷晶になっていることが多く、下層では水滴です。雲が氷晶でできているか、水滴でできているかを知る方法は難しいのですが、雲の明るさで判断することができます。水滴の雲は空をやや暗くしますが、氷晶の雲だと空は結構明るいのです。たくさんの水滴を含んだ下層雲が逆光で暗い灰色に見えても、背景にある上層雲は氷晶からできているので明るく見えるということがあります（写真13）。

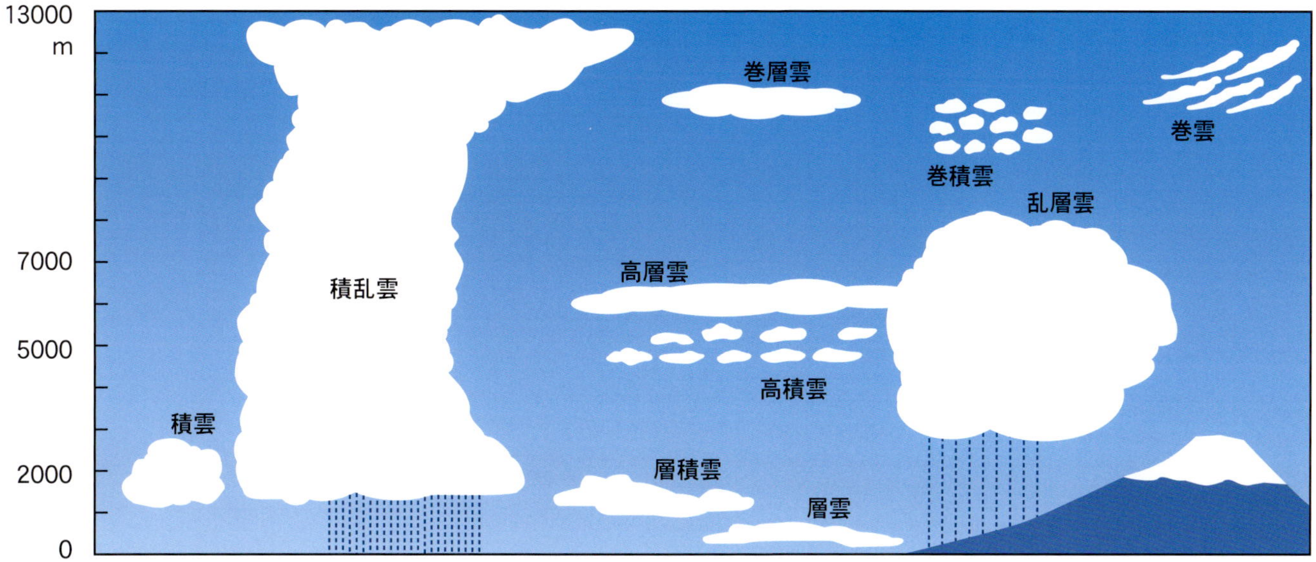

図１　10種雲形と雲の高さ

雲の高さの分類	正式名称	俗称・通称	雲粒の種類
上層雲 **発生高度** 5～13km	巻《けん》雲《うん》	すじ雲	氷晶
	巻積雲《けんせきうん》	うろこ雲、いわし雲	水滴または氷晶
	巻層雲《けんそううん》	うす雲	氷晶
中層雲 **発生高度** 2～7km	高積雲《こうせきうん》	ひつじ雲、むら雲	おもに水滴
	高層雲《こうそううん》	おぼろ雲	おもに水滴
	乱層雲《らんそううん》	雨雲、雪雲	水滴と氷晶
下層雲 **発生高度** 地表～2km	層積雲《そうせきうん》	うね雲、曇り雲	水滴
	層《そう》雲《うん》	霧雲	水滴
	積《せき》雲《うん》	わた雲、にゅうどう雲	おもに水滴
	積乱雲《せきらんうん》	雷雲、にゅうどう雲	水滴と氷晶

表1　10種雲形の名称など

図2　雲の高さと朝焼け・夕焼け

□ 写真1

巻雲（すじ雲）

［上層雲／氷晶の雲］

小さな氷の粒が集まって流されて、すじになっている雲です。空のもっとも高い場所に現れ、動きは遅く感じますが、飛行機からはとても速く流れているのがわかります。巻雲にはさまざまな形状があります。

□ 写真2

巻積雲（うろこ雲、いわし雲）

［上層雲／水滴または氷晶の雲］

数え切れないほどたくさんの小さな斑点状の雲が、空全体または帯状に広がっています。現れてはすぐに消えてしまうこともありますが、この雲が美しい朝焼け雲・夕焼け雲、そして彩雲（142ページ）となり、印象に残る光景をつくります。

□ 写真3

巻層雲（うす雲）

［上層雲／氷晶の雲］

高い空にベール状に薄く広がっています。太陽の近くがより白っぽくなり、日暈（133ページ）が現れることがあります。この雲がだんだん厚くなり、他の雲も増えると、天気がくずれていく傾向にあります。

□ 写真4

高積雲（ひつじ雲、むら雲）

［中層雲／おもに水滴の雲］

ひつじの群れが移動するようで、巻積雲よりも一つ一つのかたまりが大きく、雲に影がついて立体的に見えます。太陽の前をこの雲が通過すると、すき間からくり返し光が射します。

□ 写真5

高層雲（おぼろ雲）

［中層雲／おもに水滴の雲］

空がやや暗くなり、太陽や月の丸い形がわからなくなります。低気圧の接近時などに巻層雲のあとに現れることが多く、この雲が大きく成長すると、雨や雪を降らす乱層雲になります。

□ **写真7**

層積雲（うね雲、くもり雲）

［下層雲／水滴の雲］

低い空に連なる凹凸のある雲です。空をおおうとあたりが暗くなりますが、この雲から雨が降ることはほとんどありません。この雲により、晴れの予報が曇りとなることがあります。高い山からは雲海（25ページ）として見えます。

□ **写真8**

層雲（きり雲）

［下層雲／水滴の雲］

霧が地表から離れて、水平方向に広がった雲です。10種類の雲の中ではもっとも低い位置にあります。川や海などの湿った場所に現れたり、冷え込んだときや雨の前後などに見られる雲です。

□ **写真6**

乱層雲（雨雲、雪雲）

［中層雲／水滴と氷晶の雲］

温暖前線の近くなどで、比較的弱い雨や雪を、長い時間降らせる雲です。大きく広がった雲の形状は、はっきりしません。この雲の上部には小さな氷の粒があり、それが雪に成長し、とけると雨となります。

□ 写真9

積雲(わた雲)

[下層雲／おもに水滴の雲]

ふんわりとした綿状のかたまりで、低い空にいくつも浮かんでいる雲です。絵本などにもこの雲がよく描かれています。日射などによる空気の上昇で発生し、さらに成長するとにゅうどう雲（雄大積雲や積乱雲）になります。

□ 写真10

積乱雲(雷雲、にゅうどう雲（雄大積雲を含めて))

[下層雲／水滴と氷晶の雲]

低い空にできた積雲が、激しい上昇気流によって上層まで発達したものです。上部は小さな氷の粒からできていて、その下には雪やあられが存在します。強い雨やひょうを降らせ、雷や突風などを起こします。

□ 写真11

低い雲の夕焼け

太陽がしずむころ、層積雲の下にわずかな時間だけ夕日が当たり、雲が立体的に美しく輝きました。このような低い雲は、日没前後に夕焼け雲になります。　（9月　千葉県柏市）

□ 写真12

高い雲の夕焼け

太陽がしずんで10分あまりたってから、高い空にある巻雲がきれいな夕焼け雲になりました。背景の青空が濃くなり、夕焼け雲がとてもあざやかです。（8月　千葉県柏市）

□ 写真13

台風接近の黒い雲

台風の影響で南から暖かく湿った気流が入り、黒い雲がたくさん流れていきました。雲はふつう太陽光の多くを散乱するため白く見えますが、この雲は太陽光が直接当たらず密度も濃いため、黒っぽく見えます。　（8月　東京都心）

コラム　上昇気流・下降気流

風が横方向に吹いているのをよく見ますが、空気は上下にも動きます。地上付近の空気が上空に上がっていったり、空高いところの空気が地上に降りてくることがあるのです。空気の上下方向の動きは、天気が悪くなったりよくなったりする大きな原因となるので、気象のことを知る上では非常に重要な現象です。

熱気球が空に上がっていくのを見たことがありますか。空気は暖められると膨張し、まわりよりも密度が小さく（軽く）なるので、浮力によって上昇します。気球のようにバーナーで暖めなくても、太陽の光で暖められた空気は上昇していきます。また、斜面などでは、暖められなくても、風が斜面にぶつかって空気が持ち上げられる（上昇する）ことがあります。このような上空へ向かう空気の流れを、上昇気流といいます。上昇気流が起こるのは、次のような場合が考えられます。

- 地面が日射で暖められたとき
- 暖かい空気が冷たい空気にふれるところ（冷たい空気の上に暖かい空気が乗り上げる）
- 山の斜面に向かって風が当たるとき
- 暖かい海の上
- 低気圧の中心付近
- 人間の活動などよって熱が発生しやすいところ（工場、交通量の多い道路、大都市など）

上昇気流が激しいと、背の高い雲ができて強い雨を降らせることがあります。

逆に、まわりよりも気温が低くなると、空気の密度が大きくなって（重くなって）、空気は下降します。これを下降気流といいます。下降気流が起こるのは、次のような場合が考えられます。

- 放射冷却（晴れた夜に地面の温度が下がる現象）などで斜面の空気が冷えたとき
- 冷たい空気が暖かい空気にふれるところ（冷たい空気が暖かい空気の下に潜り込む）
- 山を風が越えたとき
- 高気圧の中心付近

下降気流は空気を乾燥させ、雲ができにくいので、天気のよくなる傾向があります。

図　上昇気流の発生する場所

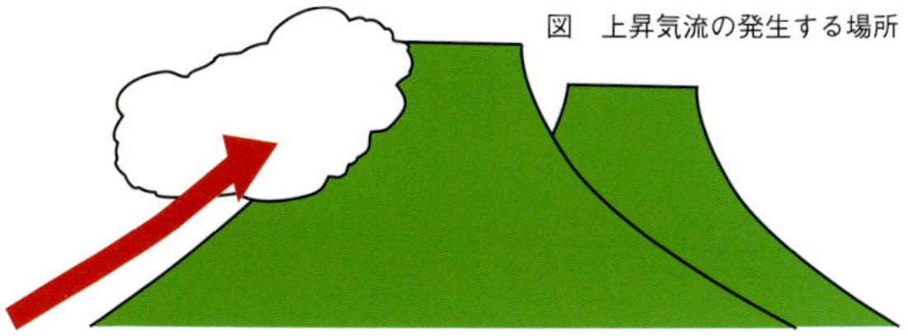

山の斜面に風が吹きつけると、斜面にそって空気が上昇します。

地面の一部が暖められると、地表付近の空気も暖まって上昇します。

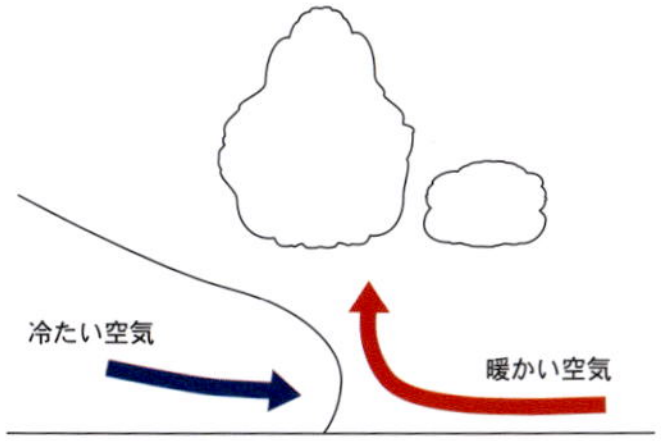

冷たい空気と暖かい空気のさかいで、暖かい空気が上に乗り上げるように上昇します。

1-2

雲や霧が生まれる場所へ行ってみよう

水蒸気が雲になるしくみ

雲は、空気が水蒸気を含みきれなくなって、水蒸気が雲粒（水滴や氷晶）の集まりに変化したものです。では、どのようなときに空気は水蒸気を含みきれなくなるのでしょうか。それは、「空気が冷やされるとき」や、「水蒸気がつぎつぎ発生するとき」です。

空気が冷やされて雲ができる例として代表的なのは、空気の上昇による場合です（21ページ、コラム「雲のでき方」）。日射によって暖まって軽くなった空気が上昇するときや、寒冷前線や温暖前線付近で暖かい空気と冷たい空気がぶつかって暖かい空気が持ち上げられるとき（45ページ、コラム「前線」）などに、上昇した空気が気圧の低下とともに膨らむことでエネルギーを失って冷え、雲ができるのです。

山やその近くで生まれる雲

また、山の斜面に風が吹きつけるときにも、空気が斜面にそって上昇するので同じようにして雲ができます。これは、山に登ったときまぢかに観察できることがあります（写真2）。さらに風が強いときには、山に吹いた風が山を越えて吹き降り、ふたたび上昇して雲ができることがあります（写真1、図1）。つるし雲と呼ばれるこの雲は、山に近い方で風が上昇して雲の粒が発生し、反対側で下降して雲の粒が消えていますが、全体の雲の位置は変わりません。たとえば富士山の場合なら、北に寒冷前線や停滞前線があって、湿った南西の風が強く吹いているときに、河口《かわぐち》湖や山中《やまなか》湖方面にさまざまな形のつるし雲が見られます。富士山以外でも、高くそびえる山で、風下側に現れることがあります。

霧が生まれるしくみ

霧も、空気が冷やされてできる雲と同じしくみでできます。よく晴れて風が弱い夜は、放射冷却という現象が強く起こり、地表の熱が宇宙空間に逃げていきます。これによって地表付近の気温が下がり、空気中の水蒸気が水滴となって空中に現れます。これが霧です。ふつう太陽が昇る直前にもっとも気温が下がるので、霧は一般に朝方に濃くなります。

山の中で霧に入ると、先が見えない不安を感じながらも、幻想的な光景に見とれてしまいます（写真3）。霧の粒が音を吸収するため、静かな世界が広がります。また、霧の中ではふだん感じないようなにおいがすることもあります。

とくに盆地では冷えて重くなった空気が集まりやすく、霧がよく出ます。盆地からあふれて山を下りていく霧を、滝雲《たきぐも》ともいいます（写真4）。朝になり太陽が当たると、霧が目覚めたかのように動き出します。

雪解けの冷たい水が流れる川でも、同じように霧が発生しやすくなります（写真5）。川の流れによって霧がゆっくり動いて、なだらかな起伏のある模様をつくります。

海でも、親潮《おやしお》（北海道の東側から房総《ぼうそう》沖にかけて北から南へ流れる寒流）などが流れる冷たい海では、空気が冷やされて霧が発生しやすくなります。海で発生する霧は範囲が広く、視界が悪くなるので船の航行にはたいへん危険です（写真6）。こういうとき、船や灯台は霧笛を鳴らし注意を促します。

わき上がる水蒸気が生む雲

水蒸気がつぎつぎ発生してできる雲の例としては、先ほどとは逆に、冬の寒い朝、比較的暖かい海面上に発生する霧があります（写真7）。寒気によって気温がかなり下がっても、海面水温はあまり変化しないので、その温度差で、風呂から湯気が出るのと同じような状態になります。寒い地方ではこの濃い霧を「けあらし」といい、冬の風物詩となっています。

森からわき上がる水蒸気で雲ができることもあります。森は自然のダムといわれ、とくにブナの原生林はたくさん水分をたくわえています。そのブナの葉から水蒸気がどんどん出て、雲がわくのです（写真8）。木々の葉はこうしてさかんに水蒸気を排出しています。

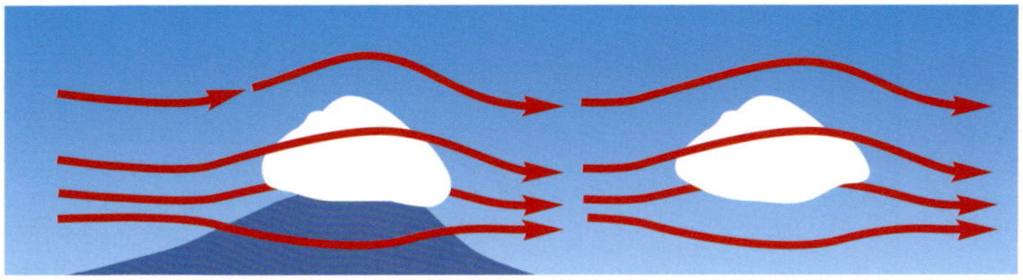

図1　つるし雲のでき方
斜面に吹きつけた風は一気に上昇し、山頂付近で笠雲をつくります。その風下で、風はいったん斜面にそって下降しますが、もう一度、上昇します。このときできるのがつるし雲です。

□ 写真1

富士山の笠雲と
つるし雲

湿った南西の風が富士山に当たり、富士山の５合目から上はすっぽりと笠雲におおわれました（右側）。その風が山を越えてふたたび上昇し、山を回り込んだ風とともに、巨大なつるし雲をつくりました（左側）。　　　（7月　富士山麓）

□ 写真2

雲の発生・消滅

山の斜面を上昇する風で雲がわき上がり、山の反対方向からやってきた乾いた風によって流され消えていきます。雲の発生と消滅が目の前で短時間に見られました。　　　（8月　富士山頂）

□ 写真3

山の霧

奥多摩の山に海からの湿った風が当たってできた霧です。山の霧は幻想的で、土や植物のにおいを運んできたり、音を吸収して静寂な世界をつくります。

（5月　東京都奥多摩町）

□ 写真4

盆地と滝雲

盆地にたまった雲（霧）が朝になってあふれて、斜面を下りていくようすが見られました。雲は空高く上るイメージがありますが、冷たい空気とともに山を下ることもあります。

（8月　秋田県田沢湖町）

□ 写真5

川霧

川から霧が発生し、山の方まで流れていく光景です。川に温泉水やわき水などが流れ込むところでよく霧が発生しますが、ここの川の水は冷たく、周囲の空気が冷やされて霧になったようです。（5月　福島県只見町）

□ 写真6

海霧

茨城県沖には水温の低い親潮が流れていて、その上の空気が冷やされるので、海上に霧が発生することがよくあります。この写真は日の出の直後ですが、霧によって朝日がかくれていました。

（11月　茨城県日立市）

□ 写真7

けあらし

海岸で初日の出を見ていたとき、気温がたいへん低いため、暖かい海からの水蒸気によって雲や霧が発生しました。このような現象を「けあらし」といいます。太陽が昇ると消えていきました。

（7月　千葉県九十九里海岸）

□ 写真8

森からできる雲

白神山地の原生林から発生する雲です。ブナの森は天然のダムともいわれ、たくさんの水をたくわえています。葉から出た水蒸気がふんわりとした雲をつくっていました。（6月　秋田県白神山地）

コラム　雲のでき方

空気の中には水蒸気が含まれています。この水蒸気が、何らかの原因で水滴や氷晶になると、雲や霧ができます。ここでは、雲や霧のでき方を見てみましょう。

ある体積の空気が含むことのできる水蒸気の量は、空気の温度によって決まっています。それ以上は空気の中に水蒸気として存在することはできず、あまった分は水滴になってしまうのです。気温が高いときは、空気はたくさんの水蒸気を含むことができますが、気温が下がるとあまり水蒸気を含むことができません。

たとえば、気温 30℃のとき、1 m^{3}の空気は約 30 g の水蒸気を含むことができますが、気温が 10℃ になると約 9 g しか含むことができません。このように、気温が下がるとその空気が含むことのできる水蒸気の量が減るために、あふれた水蒸気は水滴または氷晶になります。

つまり、空気が冷やされると雲ができるということです。放射冷却や、冷たい海があるせいなどでまわりから空気が冷やされるときにも、あふれた水蒸気は雲となります。しかし、もっともよく見られる雲は、上昇気流によってできるものです。

空気は上昇すると、まわりの気圧が下がるために、膨張します。空気は膨張するとエネルギーを使うので、気温が下がる性質があります。このため空気が 100 m 上昇すると、雲ができる前はだいたい 1℃ 気温が下がります。この気温低下により、雲ができるのです。

空気が上昇する場所はさまざまですが、それぞれの場所でいろいろな雲が発生します。暖かい場所では水蒸気がたくさん補給されますし、上昇気流も激しいので、もくもくとした背の高い雲が見られます。一方、広い範囲の空気が静かに上昇すると、層状の雲や、巻積雲（うろこ雲）や高積雲（ひつじ雲）のようなたくさんの小さなかたまりの雲ができます。

気温 [℃]	含むことのできる水蒸気 [g／m^3]
-5	3.4
0	4.9
5	6.8
10	9.4
15	12.9
20	17.3
25	23
30	30.4
35	39.6

表　気温と、そのときの空気が含むことのできる水蒸気の量の関係

1-3

「晴れ」か「曇り」か

七夕の星空が見えなくても晴れ？

私たちはなにげなく、今日は晴れだとか曇りだとかいっていますが、気象の世界ではどんなときが晴れでどんなときが曇りなのか、判断する決まりがあります。空全体を10として、雲におおわれた割合が0〜1なら快晴、2〜8なら晴れ、9〜10で降水がない場合が曇りです（写真1〜3）。この雲の割合のことを雲量（全雲量）といいます。空全体の8割が雲でおおわれていると太陽は少ししか出ませんが、それでも晴れということになるので、意外な感じがするかもしれません。気象観測では晴れということになっても、七夕の星空や中秋の名月が見られないことがあるのです。

では、その雲量はどのように観測すればいいのでしょうか。人間の目では空全体を一度に見られないので、凸面のミラーや魚眼レンズなどを利用します。すると、空全体が一度に見えるので割合がわかりやすいのです。自分で全天の雲の写真を撮りたいときは、魚眼レンズは高価なので、丸い凸面のミラーを買い、地面に上向きに置いて、その上から三脚を使ってセルフタイマーで撮影するといいでしょう。

ただたんに晴れだったか曇りだったかを知りたければ、昼間はアメダス（AMeDAS、地域気象観測システム）で各地の日照時間を調べればいいでしょう。これはインターネットで調べられます。

空の雲を衛星写真と比べてみよう

空をおおう雲がどのくらい遠くにあるかを、衛星写真で調べられる場合があります。空の雲が気象衛星写真のどの雲に対応しているか、探してみましょう。

積乱雲は衛星写真では丸みのあるかたまりとなって、明るく輝いて写ります（写真4〜5）。上空に偏西風（49ページ）が強く吹くときは、上層雲が集まって細長く伸びて見えることがありますが、これも衛星写真に写ります（写真6〜7）。台風や前線のいちばん外側の雲は、晴れの境界になっているので、衛星画像と実際の空で対比しやすいでしょう。

地上からどのくらい遠くの雲が見えるかは、雲の高さによってちがいます。上層雲は地上からも100 km程度遠くにあるものまで見えることがありますが、下層雲はすぐ近くのものしか見えません。上層の雲は温度が低いので、雲の温度差を感知して映像化する赤外衛星画像にははっきりと写ります。

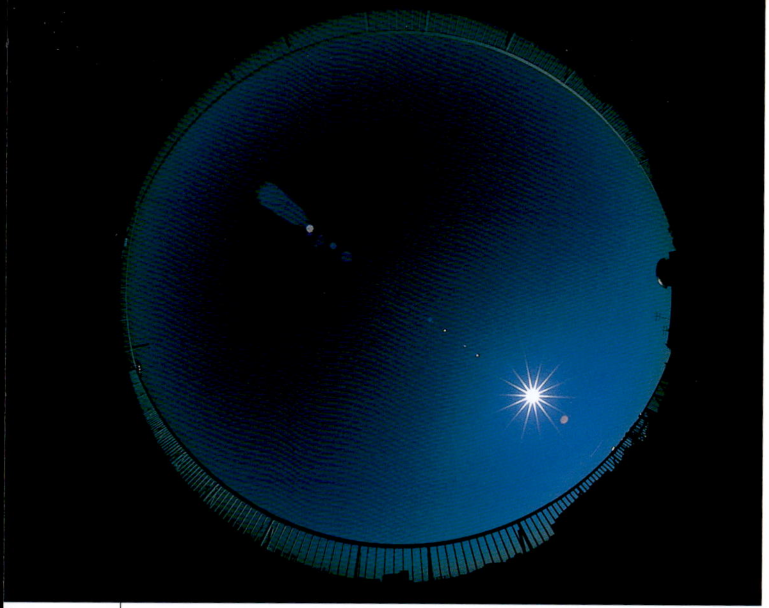

□ 写真1

快晴

雲一つない晴れた空です。雲が全天で１割以下のときを快晴といいます。空気が乾燥していると空の色はより青くなります。（10月　千葉県野田市）

□ 写真2

晴れ

雲が空全体の２割から８割をおおった状態が晴れです。ですから、この写真の場合は太陽が雲にかくれていますが、晴れということになります。水滴でできた低い雲の底面がやや暗くなっています。（5月　千葉県野田市）

□ 写真3

曇り

空全体の９割以上に雲があって、雨の降っていない状態を曇りといいます。この写真は層積雲（くもり雲）が空を一時的におおったもので、周囲には晴れ間が見えています。（9月　千葉県野田市）

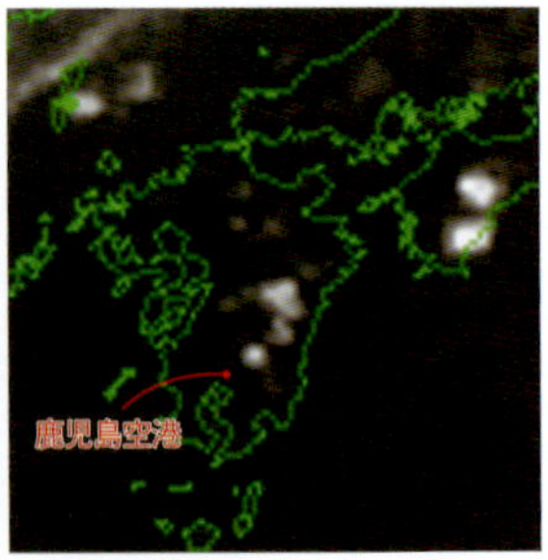

□ 写真4・写真5

鹿児島空港から見た
積乱雲と衛星画像

赤外衛星写真では北東方向に丸く小さな輝く点があるのがわかります。積乱雲の上部は上空 10 km 前後まで達していて温度が低いので、赤外衛星画像にはよく写ります。地上の観測地点から積乱雲までの距離は 30 km あまりで、写真の積乱雲が発達した姿が、その後衛星にとらえられたのだと思われます。（写真撮影　2001 年 8 月 5 日 13:16／衛星写真　同日 14:00　赤外画像、気象庁提供）

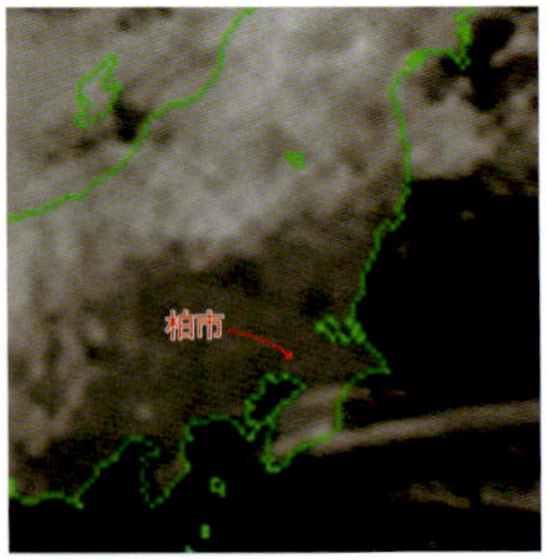

□ 写真6・写真7

千葉県柏市から見た
上層雲と衛星画像

赤外衛星画像に南東方向に白いすじ状の雲が写っています。観測地点からその雲までは 90 km 程度はなれていて、地上からの写真では地平線上に長く伸びた雲がそれに対応すると思われます。上空の風によってできた上層雲が密集していると、気象衛星写真にはこのように細長く写ります。（写真撮影　2003 年 12 月 9 日 6:22／衛星写真　同日 6:00　赤外画像、気象庁提供）

1-4

山に登って いつもとちがう雲を見よう

神秘的な「雲海」

ふだん見上げている雲を、山から見下ろしたらどんなふうに見えるでしょうか 1500 m を超えるような高さの山に登ったときに下に見える、海のように広がる雲を雲海《うんかい》といいます。雲のじゅうたんがかなたまで広がっていて、とても神秘的な光景です。雲海は多くの場合、層積雲の広がりです (写真 1)。層積雲は気温がもっとも低くなる日の出直前に発達する傾向があるので、雲海も早朝によく見られます。朝になって太陽光線が雲の上部に当たると、雲海は急に動き出し、気温の上昇とともになにごともなかったように消えていくのがおもしろいです。

また、数百m程度の丘や山からも、盆地や低地に広がる霧や層雲が、雲海のように見えることがあります。地表付近では視界が悪くなっていて、高い建物や高台が雲の上に島のように出ています (写真 2)。超高層ビルだけが雲の上ということもあるので、霧の日にビルの展望台に行ってみるのもいいでしょう。

目の前を通る雲、嵐を呼ぶ雲

雲海以外にも、山に登ると雲をまぢかに見ることができます。とくに 3000 m 級の山の稜線歩きでは、同じ高さの雲がときどき目の前を通過することがあります。風の通り道になっているところには、下からわく雲や、山頂から降りてくる雲が現れます。

また、山の上から見下ろすと、強い太陽光線が当たった場所に、小さな積雲が白い綿のように群がっていることがあります (写真 3)。しかし、この雲が成長すると、山の高さを越え、積乱雲（雷雲）にまで発達して雷雨をもたらすことがあるので注意しなくてはいけません。積乱雲の発達は 30 分程度とたいへん早いですし、どの積雲が積乱雲にまで成長するのか、見ていてもなかなかわからないものです。

□ 写真1

日の出の雲海

山から見る雲海はとても美しいものです。雲のじゅうたんが広がっていて、この上を歩いて行けそうな気持ちになります。日の出時に見られることが多く、朝日で黄金色に輝いています。

（8月　富士山８合目）

□ 写真2

盆地霧

よく晴れた夜は放射冷却によって大気が冷え続け、朝日が昇る直前にもっとも気温が下がります。そして、空気中に含みきれなくなった水蒸気が地表付近で霧になります。冷たい空気は重いので、低い場所に霧がたまって濃くなります。
（11月　茨城県八郷町）

□ 写真3

下からわく雲

強い日射が当たると、積雲がぽつぽつとわいてきます。高い山からみると、下の方で白い小さなかたまりが成長するようすがよくわかります。ときには、これが激しい雷雨を起こす積乱雲になることがあります。　　　（8月　富士山頂）

1-5

飛行機から雲を見てみよう

飛行機から雲を見るコツ

飛行機に乗る機会があったら、飛行機の進行方向と太陽の位置をよく確かめ、天気図や気象衛星画像で雲の状態を調べて、その日の雲がもっともよく見える席に座ってみましょう。エンジンの後ろは気流の乱れがあるので、できれば翼より前の席がいいでしょう。離着陸時には積雲、層積雲や高積雲などの雲に、ブロッケン現象（145ページ）や白虹《はっこう》（128ページ）などの興味深い現象がときおり見られます。高い空での巡航状態のときは、巻雲が近くに尾を伸ばして流れ、さまざまな雲による雲海が見られます。

晴れた日には、島の上や山の南斜面に積雲が多く見られます。そういう場所は日射によって暖まりやすく、上昇気流が起きているからです（写真1）。また海上の積雲の影が海面に映って、美しい光景となっていることもあります（写真2）。

にゅうどう雲のてっぺんを見る

飛行機から見る積乱雲は、地上から見上げる姿とちがい、勢いよく伸び上がった姿が印象的です（写真3）。積乱雲のかなとこ状に広がった上部が見えるとき、その中心付近がまるく盛り上がっている現象が見られます（写真4）。これは地上からではわかりません。

冬季の日本列島上空は、世界的に見ても偏西風《へんせいふう》（49ページ、コラム「偏西風」）がたいへん強く吹く場所です。偏西風の中でもとくに流れの速いジェット気流のために、上層の雲が川の流れのように伸びています（写真5）。ジェット気流の速さは新幹線並の時速300 kmにもなり、時速900 km程度の飛行機はその影響を大きく受けます。とくに冬は、気流に向かう羽田→那覇の方が、気流に乗る那覇→羽田より、30分程度飛行時間が長くなります。

飛行機からは、地上からわかりにくい下層・中層・上層の雲の高さのちがいが確認できます。とくに中層雲の真っ白な雲海は飛行機ならではのものです（写真6）。また、下層・中層の水滴の雲で美しいブロッケン現象が見られたり、上層・中層の氷晶の雲にあざやかな暈《かさ》（133ページ）の現象が見られます。

なお、飛行機の離着陸時は、安全のため、電波を発生する電子機器の使用が制限されているので、撮影にデジタルカメラやデジタルビデオカメラを使用してはいけません。離着陸時に撮影したいときはフィルム式（銀塩）カメラを使いましょう。

□ 写真1

斜面にわく雲

羽田空港から石川県に向かう飛行機は、高い山の２倍程度の高さを飛行し、雲のようすがよく見えました。山の南斜面では、夏の強い日射によってたくさんの積雲がわいていました。（8月　山梨・長野県上空）

□ 写真2

海上の積雲

羽田から沖縄へ行く飛行機から、海のすぐ上に浮かぶ積雲の群れを見ました。雲の影が海面に映り、海面のうねりとともに立体的な光景が広がっていました。　（11月　太平洋上空）

□ 写真3

横からみた積乱雲

鹿児島空港に近づいた飛行機から、九州上空の積乱雲を見たものです。高度 10000 m 以上に成長し、上部が広がりはじめていました。積乱雲に飛行機が接近すると、気流の乱れで激しくゆれることがあります。　（8月　宮崎県上空）

□ 写真4

積乱雲のてっぺん

積乱雲のてっぺんが激しい上昇気流で盛り上がっている現象が、その上を飛ぶ飛行機から見えました。高緯度のため積乱雲の背が低かったのが幸いしました。ここはアリューシャン列島付近の「低気圧の墓場」といわれる場所で、中緯度で発達した低気圧はこのあたりでとどまり、消えます。　（3月　太平洋上空）

□ 写真5

ジェット気流による雲

冬の羽田一沖縄航路は、日本列島南側のジェット気流の付近を通過することがあります。ジェット気流に近づくと巻雲などの上層雲が勢いよく流されていくのが見られます。

（12月　太平洋上空）

□ 写真6

飛行機からの雲海

飛行機から見るこの雲海は、山でみる下層雲の雲海とはちがい、中層雲によるものです。高度 6000 m 付近から撮ったもので、雲は強い太陽光で白く輝き、その上の空も明るくなっています。

（12月　沖縄付近上空）

1-6

変わった雲を探してみよう

「乳房雲」と「穴あき雲」

雲には10種雲形の他に、さまざまな変種があります。ここでは、変わった形をした雲を見ていきましょう。

発達した積乱雲のまわりなどには、たくさんの房が垂れ下がった形の雲が見られることがあります。これを乳房雲《にゅうぼううん》といいます（写真1）。空一面に広がると、とても異様な光景となります。

次は、雲に穴があいていく奇妙な現象です（写真2）。水滴からできたうろこ状の巻積雲の中に、何かのきっかけで氷晶ができると、水蒸気が水滴の雲から氷晶の雲へ移動します。その結果、水滴の雲が円形に消えていき、氷晶の雲が成長するのです。そのさい、移動する水蒸気は透明なので見えません。

いろいろな飛行機雲

人工的な雲として、ジェット機による飛行機雲があります（写真3）。10000 m前後の高い空を飛ぶ飛行機から、白い航跡がときどき見られます。ジェット機の排気には水蒸気が混ざっていますから、これが冷えると排気ガス中の微粒子などを雲の芯（凝結核《ぎょうけつかく》）として雲粒ができます。空気が乾いているときは飛行機雲がすぐに消えてしまいますが、低気圧が近づいているときなど上空の大気が湿っていると、飛行機雲が大きく成長していきます（写真4）。

あまり見る機会はありませんが、飛行機が雲をつくるのではなく、逆に雲を消していくことがあります。これを消滅飛行機雲といい、一すじの線が上層の雲に入ります（写真5）。

□ 写真1

不気味な乳房雲

たくさんの暗いかたまりが、房状に垂れ下がっている雲を乳房雲といい、空の暗さとともに異様な感じがします。発達した積乱雲の近くにできることが多く、強い雨の前兆のこともあります。　（7月　千葉県柏市）

□ 写真2

穴あき雲

水滴からできた巻積雲の中に、小さな氷の粒（氷晶）からできた巻雲が現れると、巻雲の氷晶が周囲の水蒸気を取り込んで成長するとともに、巻積雲は穴が広がるように消えていきました。（10月　千葉県柏市）

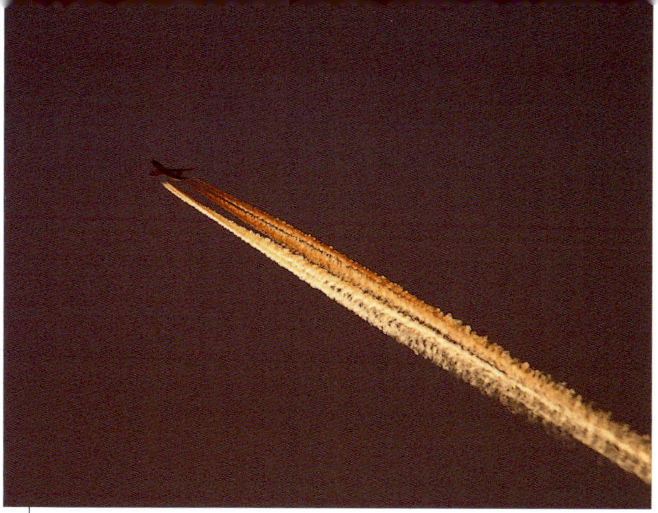

□ 写真3

飛行機雲

高い空を飛ぶ飛行機から、細長い飛行機雲ができることがあります。飛行機の排気ガスから出た微粒子と水蒸気が、冷たい空気に触れて雲をつくりますが、排気ガスが空気を汚しているようにも見えます。（8月　福島市）

□ 写真4

成長する飛行機雲

空気が湿っていると飛行機雲が成長していくことがあります。飛行機雲は小さな氷の粒からなり、周囲から水蒸気を取り込んで大きくなることがあります。この写真には航跡の雲が２つあります。（10月　福島県阿武隈高原）

□ 写真5

消滅飛行機雲

飛行機は飛行機雲をつくるだけでなく、雲の中を通過したさいに雲を消すこともあります。これを消滅飛行機雲といいます。この写真では、波のような模様をつくって雲が消えています。（11月　千葉県柏市）

コラム　高気圧・低気圧

天気予報では低気圧とか高気圧という言葉をよく聞くと思います。低気圧のまわりは雨や曇りで、高気圧のまわりは晴れることが多いといわれます。確かにそうですが、では低気圧や高気圧とはいったいなんでしょうか。

低気圧は、まわりより気圧が低い場所のことです。気圧が低いので、地表付近では、まわりの空気を低気圧の中心に向かって吸い込む力が働きます。この空気を吸い込む力と、地球の自転の向きの関係で、北半球では低気圧の中心に向かって反時計回りに吹き込む風が吹きます。この吹き込んだ風は、低気圧の中心付近で上昇気流になります。この上昇気流のため雲ができやすくなるので、低気圧の近くは天気が悪くなりやすいのです。

低気圧はその性質によって、温帯低気圧と熱帯低気圧の2つにわけられます。

日本列島付近のように温帯地域で、暖かい空気と冷たい空気がぶつかり合ったところに発生するのが、温帯低気圧です。ぶつかり合うところで、暖かい空気が上昇します。そして大きなうずを巻くように風が吹いて、気圧が下がり、低気圧となるのです。温帯低気圧には、温暖前線と寒冷前線（45ページ、コラム「前線」）があるのが特徴です。

また、赤道から少し離れた熱帯地域では、海面から発生した水蒸気から大量の熱をもらい、強い上昇気流が発生します。こうしてできた積乱雲がたくさん集まって、大きなかたまりとなってうずを巻くと、やはり地表付近の気圧が低下するので低気圧になります。これを熱帯低気圧といいます。この熱帯低気圧のうち、中心付近の最大風速が秒速17.2 mを超えるものが台風と呼ばれます。

高気圧は、空気がたくさん集まって、まわりより気圧が高い場所です。中心付近では下降気流が発生しています。空気は高いところから下りてくると、上昇気流のときとは逆に気温が上がります。気温が上がると、空気に含むことのできる水蒸気の量が増えるので、雲は消滅し、空気は乾燥していきます。高気圧の付近で天気がいいのはこのためです。高気圧は地表付近で、空気を外側に吹き出そうとす

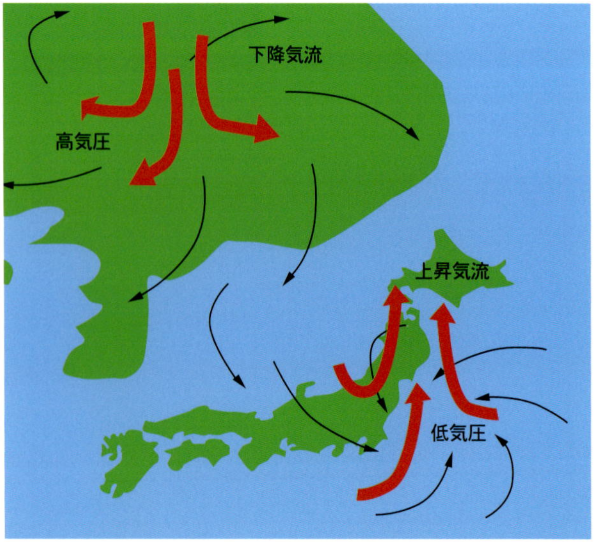

図　低気圧や高気圧がつくる風
低気圧は反時計回りの風の流れを、高気圧は時計回りの風の流れを、それぞれつくります（北半球の場合）。

る力が働きます。この空気を吹き出す力と地球の自転の向きの関係から、北半球では高気圧の中心からに時計回りに風が吹き出します。

高気圧は、できる原因によって大きく２つに分けられ、背の低い高気圧、背の高い高気圧と呼ばれます。

冬のシベリアのように気温がとても低い場所で空気が冷やされると空気が収縮し、密度が大きく重くなり、地表付近の気圧がとても高くなります。これを背の低い高気圧といい、冷たい北よりの風が日本列島に吹く原因ともなります。

夏の太平洋高気圧のように、暖かい空気がたくさん集まっている高気圧もあります。これは周囲の空気が集まって下りてくる下降気流が原因です。これを背の高い高気圧といい、ここから暖かい南よりの風が日本列島に吹いてきます。

また、偏西風《へんせいふう》（49ページ、コラム「偏西風」）の蛇行が原因で発生する低気圧・高気圧もあります。上空の偏西風が波を打つように吹くと、その波に合わせて、地表付近では高気圧と低気圧が発達します。春や秋には、偏西風に乗って移動する高気圧・低気圧が日本付近の天気を周期的に変えます。この低気圧や高気圧は、日本列島付近で、南（低緯度）の熱を北（高緯度）へ運ぶ役割をしています。

熱帯低気圧　　温帯低気圧

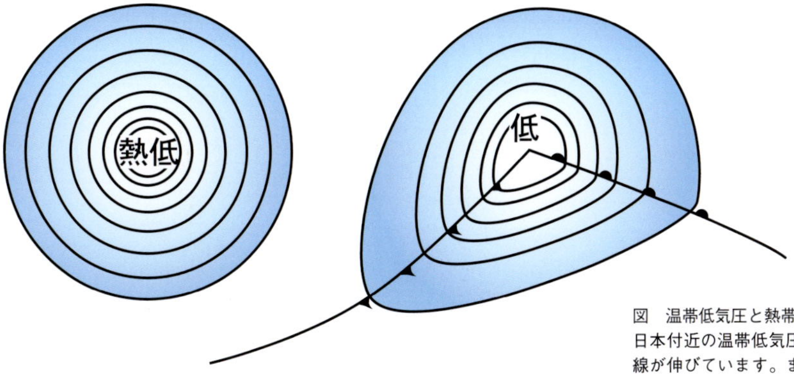

図　温帯低気圧と熱帯低気圧
日本付近の温帯低気圧には、西側に寒冷前線が伸び、東側には温暖前線が伸びています。また、形は円形ではなく、いびつです。一方、熱帯低気圧はほぼ円形です。

1-7

めまぐるしく変わる春の空

花曇りと春うらら

気温の変化が激しいのが春の特徴です。冬から残る冷たい空気に強い日射しが入り、天気がめまぐるしく変わり、さまざまな雲が見られます。

春の雲として代表的なのは、花曇りなどのおぼろ雲でしょう（写真 1）。低気圧が近づいてくるとだんだん雲が厚くなり、やがて太陽や月の存在がわからなくなります。さらに雲が厚くなると、しとしとと春らしい雨が降るようになります。

しかし、それとはまったくちがって、春うららという いい天気もあります。強い日射しで地表が暖まり、いっせいに咲く野の花の上に、ぽつんぽつんと積雲（わた雲）が浮かぶようなぽかぽかの天気のことです（写真 3）。

春雷と黄砂

ときには、春の嵐が発生することもあります。東シナ海あたりで発生した低気圧が日本海で急速に発達し、全国的に南よりの強風（春一番など）が吹くことがあります。そして寒冷前線が通過したあとは、一転して北または西から冬のような冷たい風が吹きます。

季節はずれの寒気が上空にやってくると、日射で暖められた地表付近の空気が強い上昇気流を起こすので、背の高い積乱雲が発達して激しい雷雨（春雷《しゅんらい》）をもたらします（写真 2）。春は気温が低いので、ひょう（83 ページ）が降ることもしばしばです。

春は黄砂《こうさ》の季節でもあります（写真 4）。黄砂は、上空の風（偏西風）に乗って（49 ページ、コラム「偏西風」）、中国大陸の砂漠地帯や黄土《おうど》地帯の砂塵《さじん》が微小な粒子となって日本にまで飛ばされてくる現象です。黄砂がやってくると空は黄色っぽくなり、朝日や夕日はふだんより暗くなります。黄砂は洗濯物を汚したり、人間の呼吸器官にも影響をおよぼします。最近は、中国内陸部の乾燥化によって、黄砂の頻度が増えており、遠く北海道にもやってくることがあります。

□ 写真1

花曇り

春は天気の変化が激しく、桜の花が咲くころは、晴れから曇りや雨へと毎日天気が変わることがよくあります。低気圧が接近するときは、層状の雲がはじめ明るく広がり、だんだんと厚くなって雨雲へと変化していきます。　(4月　茨城県常陸大宮市)

□ 写真2

春の雷雨

春には、冷たい空気が上空に入ってくることがしばしばあります。地表で暖められた空気が冷たい上空の空気の中をどんどん上昇し、激しい雷雨になります。気温があまり高くないので、ひょうが降ることも多いです。

(4月　茨城県北浦町)

□ 写真3

春うらら

春のおだやかな暖かい日射しと、澄んだ空気が岐阜市をおおっていました。空にはぽつぽつと小さな積雲が発生していますが、大きく成長する気配はありません。（4月　岐阜市）

春の 6日間の天気

2005年4月18日～
4月23日
（午前9時撮影、
千葉県柏市）

この期間の関東地方には移動性高気圧と低気圧が通過し、ふたたび高気圧におおわれました。日本各地で雷雨やひょう、強風がありました。また九州で真夏日が観測され、東北地方では桜が開花しました。春の空は花粉など空のちりが多く、黄砂もやってくるので、青空もかすみがちで雲が出やすいです。

□ 写真4

黄砂

春になると、中国内陸部で舞い上がった砂塵が、海を渡って日本にときどきやってきます。西日本で多く見られますが、最近は関東・東北・北海道でも黄砂が観測されるようになりました。夕日は輝きを失い、空は黄色です。　（4月　千葉県柏市）

1-8

力強い雲が見られる夏の空

梅雨空とにゅうどう雲

夏は、夏至《げし》を中心に太陽がもっとも高くて昼の時間が長いため、空気は暖まり続け、水蒸気をたくさん含むようになります。この暑さと強い雨が夏の特徴です。

6月から7月の梅雨《つゆ》の季節（沖縄方面はそれより1カ月早い）には、暗い空から雨が降り続きます（写真1）。激しい雨と好天が交互に現れるはっきりした梅雨を陽性といい、雨が弱く降り続いたり曇天の日が多い梅雨を陰性といいます。陽性の梅雨は沖縄や西日本に多く、陰性の梅雨は東日本に多いです。北海道にはこうした梅雨はなく、このころは空が晴れわたります。

夏の雲として代表的なのは雄大積雲や積乱雲、いわゆるにゅうどう雲です（写真2）。これらの雲からは大粒の雨が短時間に、ときには雷をともなって激しく降ります。山間部で昼ごろに発生した積乱雲が移動して、夕方になって平野部に雨を降らせるのが夕立です。

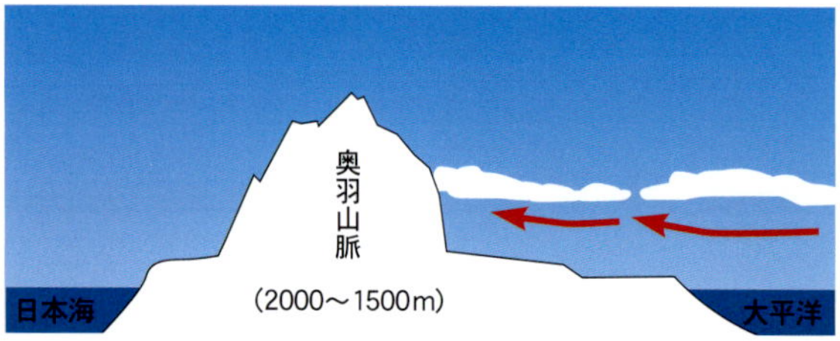

農作物に被害を与える「やませ」

東日本の太平洋側では、「やませ」が起きることがあります。これはオホーツク海高気圧の発達によって北東方向から気温の低い湿った風が吹き、東日本の太平洋側に低い雲と小雨をもたらす現象です（写真3、図1）。気温低下や日照時間の減少をもたらし、しかも長く続くことがあるので、稲などの作物の生育に大きな影響を与えます。このやませによる雲は低く、いちばん上の部分でも1500m程度なので、ふつう雲は山にさえぎられて日本海側には流れていきません。

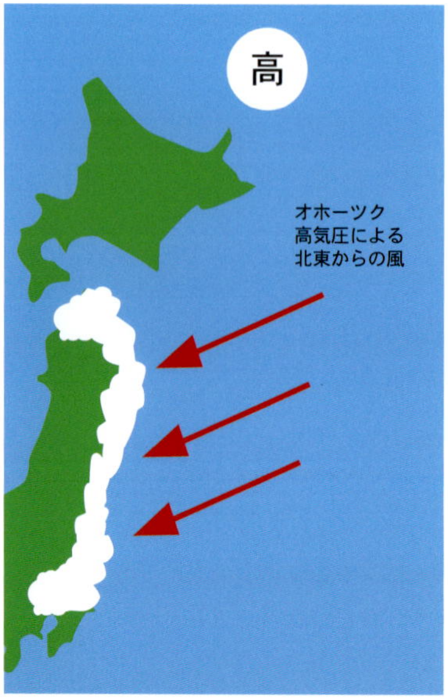

図1　やませが起きるしくみ
夏にオホーツク海高気圧が発達すると、東北地方の太平洋側に北東から冷たい湿った風が吹きつけます。するとこの地方に低い雲ができます。この雲は背が低いので、山脈にさえぎられ、日本海側に流れ出ることはありません。

□ 写真1

梅雨空

梅雨に入ると梅雨前線が停滞して雨が降り続くことが多くなります。この写真は梅雨前線の北上で南からの湿った空気が入り、雨が降る直前の南方向の空です。　(6月　千葉市)

□ 写真2

にゅうどう雲

にゅうどう雲とは雄大積雲と積乱雲の両方をいいます。この写真は雄大積雲の上部が広がって積乱雲になったもので、最上部にはベール雲も見られます。この雲の下では強いにわか雨や落雷が心配です。(8月　栃木県日光市)

夏の
6日間の天気

2004年7月30日～8月4日
(午前9時撮影、千葉県柏市)

この期間の関東地方は、南側を台風が通過したあと、夏の高気圧におおわれました。関西では台風による激しい雨と強風におそわれましたが、その他の地域は厳しい暑さにみまわれました。空には台風の外側の高い雲も見られましたが、青空に積雲が浮かぶ夏らしい空模様となりました。

□ 写真3

やませ

夏にオホーツク海高気圧が発達すると、海上から気温の低い湿った風が、東日本の太平洋側を中心にやってきます。そのやませによる雲は、このように低い山をおおいます。　(8月　青森県津軽半島)

コラム　前線

前線とは、冷たい空気と暖かい空気のさかい目が地表に接した場所です。こういう場所では雲が発生しやすく天気が悪くなるので、気象観測をする上で前線のことを知るのは非常に重要です。前線には温暖前線、寒冷前線、閉塞《へいそく》前線、停滞《ていたい》前線の４種類があります。

温暖前線と寒冷前線は、温帯低気圧とともに発生します。温帯低気圧の中心から、東側に温暖前線、西側に寒冷前線がそれぞれ伸びていることが多いです。

温暖前線では、暖かい空気が冷たい空気の上を斜めに乗り上げて、前線は冷たい空気の側に押されていきます。前線の前方の広い範囲であまり強くない雨が降り続き、その先も高層雲や巻雲などの雲が広がっています。前線の通過後は気温が暖かくなって晴れ間が出て、南西向きの風に変わります。

寒冷前線では、暖かい空気の下に冷たい空気がもぐり込むように風が吹き、前線は暖かい空気の側に押されていきます。寒冷前線の近くでは積乱雲が発達して、雨（または雪）が一時的に強く降ることがあります。前線の通過後は風が北または西よりに変わり、気温が下がって晴れていきます。

閉塞前線は、発達した低気圧の中心付近で寒冷前線が温暖前線に追いついてくっついたもので、暖かい空気は上空にいってしまいます。閉塞前線ができると、低気圧はその後だんだんと衰弱していきます。

停滞前線は、季節の変わり目に、性質のちがう大きな高気圧の間に見られます。夏のはじめの梅雨《ばいう》前線も停滞前線の１つで、南の太平洋高気圧からの湿った暖かい風と、北のオホーツク海高気圧からの湿った冷たい風がぶつかり合ってできます。また、秋雨《あきさめ》前線も停滞前線によるものです。

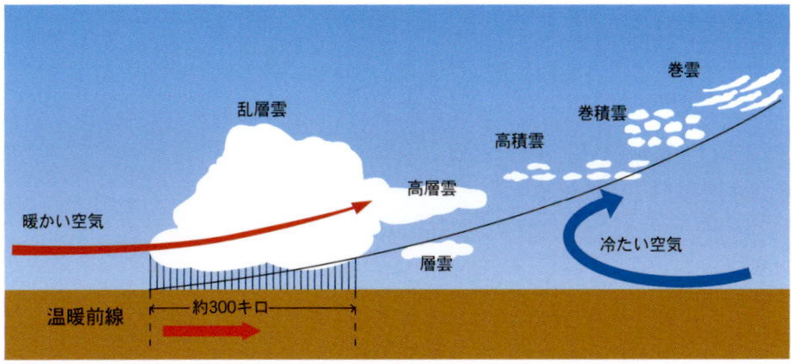

図　温暖前線
冷たい空気の上に斜めに暖かい空気が乗り上げて、広い範囲に雨と雲をもたらす前線です。暖かい空気の勢力が強く、冷たい空気の側へ前線を押していきます。

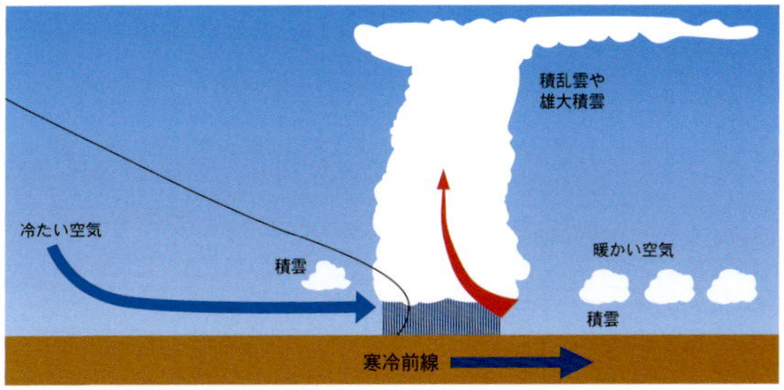

図　寒冷前線
冷たい空気の上で暖かい空気が強く上昇し、せまい範囲に強い雨を降らせる前線です。冷たい空気の勢力が強く、暖かい空気の側に前線を押していきます。

1-9
好天と悪天が交互にやってくる秋の空

秋晴れとうろこ雲

秋雨の時期を過ぎると、日本列島の上を偏西風《へんせいふう》（49ページ、コラム「偏西風」）が強く吹くので、低気圧と高気圧がつぎつぎとやってきて天気が変わりやすくなります。天気のよい日と悪い日が交互にきて、週末ごとに天気がよかったり悪かったりという経験もあるでしょう。秋は、空に現れる雲の種類も多い季節です。

秋に大陸から移動性高気圧がやってくると、きれいな青空が広がり、風も弱くてとても快適です。下降気流で空気が乾燥し、雲がほとんど発生しません（写真1）。ときおり西から東へ流れていく上層雲が見られますが、秋はとくに巻積雲（うろこ雲）の小さなたくさんの白いかたまりが印象的です（写真2）。

放射冷却による霧の発生

秋になると夜が長くなるので、夜間に晴れると放射冷却（地表の熱が宇宙空間へ逃げていく現象）が強く起こり、盆地を中心に霧が発生することが多くなります（写真3）。霧を小高い場所からながめると、雲海のように見えます。

また、秋は大きな台風（61ページ）が襲来する季節でもあります。海面水温は気温の変化から1カ月くらい遅れて変化するので、気温が下がっても10月あたりまで海面水温は高いままです。そして、この暖かい海面から発生する水蒸気が、ふたたび水滴になるときには、たくさんの熱が発生し、空気を暖めます。このため、南の海上では台風が発達するのです。

□ 写真1
秋晴れ

大きな移動性高気圧が大陸方面からやってくると、乾燥した澄んだ青空が広がり、紅葉の色が映えます。本州では、10月半ばころからこのような天気が周期的に現れるようになります。
（10月　栃木県日光市）

□ 写真2

うろこ雲

秋になると日本上空に強い偏西風が吹き、上層の雲がよく見られるようになります。とくに巻積雲（うろこ雲）は、空高くに明るい小さなかたまりが無数に広がり、秋を印象づける雲です。

（11月　千葉県柏市）

秋の
6日間の天気

2004年10月18日〜10月23日
（午前9時撮影、千葉県柏市）

この期間の関東地方は、大きな移動性高気圧が去り、台風から変わった低気圧が通過して、ふたたび高気圧におおわれました。台風からの高温で湿った風による雲が去ったあと、秋の澄んだ青空が広がりました。北海道で氷点下の気温と竜巻が観測されています。関東から九州では大雨があり、23日には新潟県中越地震も起こりました。

写真3

霧の朝

秋になると夜が長くなり、澄んだ空からたくさんの熱が逃げるので、朝の気温が下がりやすくなります。冷えた地表付近ではこのような霧が発生することが多くなり、山から見ると幻想的です。
（11月　茨城県八郷町）

コラム　偏西風

日本の天気は、西から変わっていくことが多いということを聞いたことがあるでしょうか。西日本の雨が翌日には東日本に降る、というようなことが多いのです。「夕焼けの日の翌日は晴れ」というのも、夕焼けの見える西側の空が晴れていれば、翌日にはその晴れた空がこちらにやってくるので晴天になるはずだからです。

これは、日本列島付近の上空 10 km あたりを中心に、偏《へん》西風《せいふう》という風が西から東へ吹いていることが多く、高気圧や低気圧がその風に流されて、西から東へ移動することが多いからです。偏西風は、地球の中緯度地方に吹く風で、北緯 30 度から北緯 60 度の間で地球を一周して吹いています。春や秋のころは、ちょうど日本列島の上を東西に吹くことが多くなります。偏西風の中で高気圧と低気圧が交互に発生し、これらが西から東に移動していきます。このため、秋や春には高気圧や低気圧が周期的にやってきて、天気が変わりやすくなります。

偏西風は高いところに吹く風ですので、地表付近ではあまり感じることはできません。地表付近では、夏や冬を中心とした季節風や、海陸風や山谷風などの地形による風を感じます。しかし、高い空の雲は偏西風に流されていることがわかりますし、高い山に登ると直接にその流れを感じることがあります。

偏西風は中緯度地方の高いところを吹く風ですが、一方、低緯度地方には貿易風《ぼうえきふう》という東よりの風が吹きます。この風を、かつては帆船が航海に利用していました。この風はハワイなどの低緯度地方で、海のすぐ上や海岸など低い高さのところで吹いています。逆に高い山に行くと風がなくなってしまいます。偏西風と貿易風は同じように地球を取りまいて吹いていますが、高さがちがうのです。

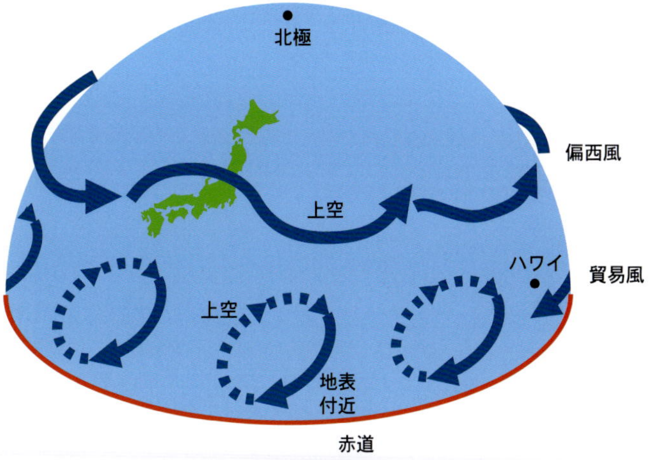

図　偏西風
日本周辺のような中緯度地域では、上空10km付近を偏西風という西よりの風が、蛇行しながら吹いています。

1-10 太平洋側と日本海側でちがう冬の空

日本海側に雪が多い理由

冬には、たいへん冷たいシベリア高気圧の空気が日本列島に流れてきます。この影響による冬の天気と雲は、日本列島の各地で大きくちがいます。とくに日本海側と太平洋側では天気はまったく逆になります。

大陸からの冷たい季節風が、暖かい日本海上を通過するときにたくさんの雲をつくり、それが日本海側では雪や雨を降らせます（写真1、図1）。その風が山を越えて太平洋側に達するころには、水蒸気をかなり失っているので、太平洋側は乾いた晴天となるのです。冬型の気圧配置が強いときは風も強くなり、太平洋側までちぎれた雲がやってきたり、低い峠を越えて雪雲が入ってくることもあります（写真2）。

高く伸び上がれない雲

冬は地表付近と上空の気温差が小さいので、空気が持ち上がりにくく、高い空まで伸び上がる積乱雲はあまり発生しません。日本海側に大雪を降らす積乱雲も、夏に比べて雲のてっぺんの高さは低く、せいぜい5000～6000 mです。また、海上に浮かぶ積雲も、上へ発達できずやや平べったい形になり、扁平雲《へんぺいうん》と呼ばれます（写真3）。

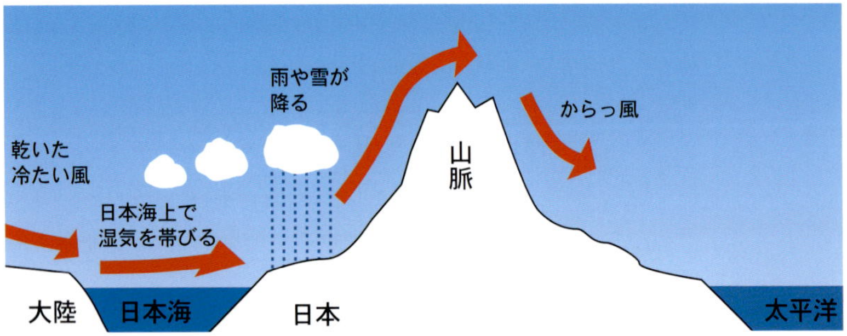

図1　日本海側に雪が降るしくみ
シベリア高気圧が発達する冬は、日本海側に北風が吹きつけます。日本海は暖流が流れる暖かな海なので、風がここを通るときに大量の水蒸気を含むようになります。その水蒸気が雪となって日本海側に降るのです。

□ 写真1

日本海の雪雲

大陸から冷たい季節風が吹くと、暖かい日本海の上でできた積雲が日本列島の日本海側にぶつかって、雪や雨がたくさん降るようになります。空はどんよりと暗くなり、雷鳴とともに大雪になることがあります。（1月　新潟県親不知）

□ 写真2

冬晴れ

冬の季節風が吹くと、太平洋側では乾いた晴天になります。風がとても強いと、山からちぎれたような雲がやってきたり、一時的に雪や雨が降ることがあります。（12月　千葉県船橋市）

冬の
6日間の天気

2004年12月14日
〜12月19日
（午前9時撮影、
千葉県柏市）

この期間の関東地方は高・低気圧の通過と西高東低の気圧配置がくり返しました。空には冬独特の平たい積雲が見られ、そのあと冬の季節風が吹いて乾燥したきれいな青空が広がりました。北日本を通過した低気圧が北海道の東海上で発達し、東北各地では平年より遅い初雪が降りました。

□ 写真3

扁平雲

沖縄県などでは海上を中心に、冬に扁平な積雲がよく見られます。空の上下の温度差が小さいので積雲が上へ発達できず、このような平たい形になります。

（12月　沖縄県本部町）

雷雨

積乱雲が空全体をおおい，暗くなって湿った強い風が吹き出し，雷とともににわか雨がやってきました。(千葉県柏市　4月)

第2章 雨と風

2-1

雨はどうやって落ちてくるのか

雨が落ちているときの形を見る

雨粒はどんな形をして落ちてくるのでしょうか。雨粒を見ようとしても、数mm程度の大きさの雨粒が落下する瞬間を見ることはできませんし、写真を撮ることも困難です。ときおり見られる凍雨《とうう》（83ページ）は、直径が1～2 mmの球形になっていますから、雨粒もそうなのではないかと推測できます。

大学などの研究室には、落ちようとする水滴に向かって下から上に風を送り、水滴を空中に静止させて観察する装置があります。この装置を使って実験すると、雨粒の形がどうなっているのか、見ることができます。それによると、大きさが1～2 mmでは雨はほぼ球形ですが、3～4 mm程度の雨は、お供えもちのように水平方向に広がった形をしていることがわかります（写真１）。また、雨粒は4～5 mm程度の大きさになると分裂してしまうようです。ですから、ひょうのように数cmまで大きくなることはありません。

雨が落ちてくる速さを測る

雨粒の落下速度はどうでしょうか。これはカメラを三脚に固定して、シャッタースピードを設定して撮影すれば、その間に雨粒が移動した距離から計算することができ、秒速数mということがわかります（写真2）。雨は地球の重力で落下してきますが、落ちてくる途中で重力と空気の抵抗力がつり合い、一定のスピードで落ちています。落下速度は雨粒の大きさによって決まり、大きいほど速く落ちますが、秒速10 mは超えないようです。霧雨（直径が0.5 mm未満）のような細かい雨は、落ちる速さが遅いので、雨は風に流されるように飛んでいき、風の流れ方が雨の動きで想像できます。これは小雪のときも同様です。

遠くに降るにわか雨のすじを探そう

夏の夕方などには、遠くの空ににわか雨のすじが見えることがあります（写真3）。雲からすだれのように細いすじが垂れ、そこでは通り雨がパラパラと降っています。ときには黒いカーテンのように本格的な強い雨が見えることもあります。また、降水の部分（降水雲ともいう）が太陽光で輝くこともあります（写真4）。台風の通過直後などで急に晴れたときにこのような光景が見られ、夕日が当たると、まぶしい黄金色のカーテンがいくつも垂れ下がって見えます。

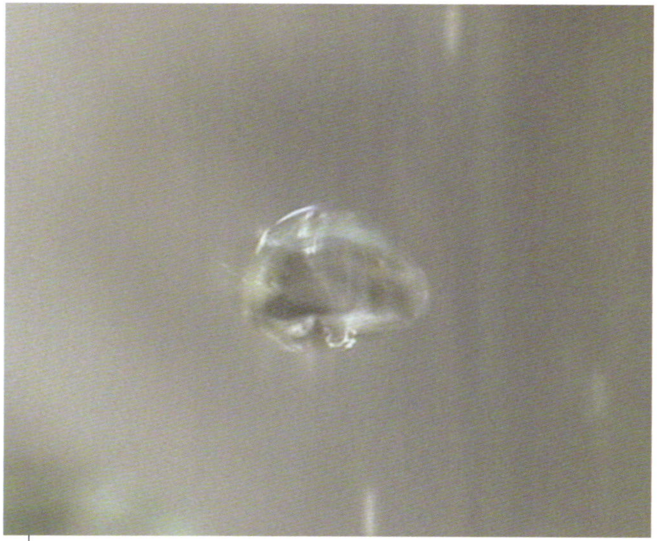

□写真1

雨粒の形

雨粒の小さいものは球形をしています。しかし、3～4 mm 程度の大きさになると、空気の抵抗によってお供えもちのような形になり、さらに大きくなると分裂していきます。（気象大学校の実験装置）

□写真2

雨の落下速度

カメラからの距離とシャッタースピードをもとに、線状に写った雨の落下速度を計算したところ、この雨はだいたい秒速 4 m で落ちていることがわかりました。（10月　千葉県柏市）

□写真3

雨のカーテン

激しい雨がやってくるとき、前ぶれと本降りの雨を体験することがあります。写真の左側に細い線状に見えるのが前ぶれの雨、右端の暗いカーテン状の部分は激しい雨です。（7月　千葉県野田市）

□ 写真4

輝く降水

台風の中心が去ったあと、雲からまばらに降る雨に夕日が当たり、雨すじが黄金色に美しく輝きました。風の急変で雨のすじが曲がっています。反対側の空には虹も見られました。　（9月　千葉県我孫子市）

2-2

雷にはまだ解明されていない謎がある

雷との距離を測る方法

雷は距離が十数kmより近くなると、音が聞こえるようになります。雷がどのくらいの距離のところに落ちたかは、稲光と音の時間差をはかればわかります。稲光はほとんど瞬間的にやってきますが、音は１秒間に340 m ほど（気温が15℃ くらいのとき）しか進みません。そのため、光ってから音がするまでの秒数に340 m をかけると、雷までの距離がだいたいわかるわけです。たとえば、大きな音がするまでの時間差が10秒だったら、3.4 km 程度先に雷が落ちたと考えられます。雷鳴は、遠くに落ちたときはゴロゴロ、ドーンという低い音で、すぐ近くに落ちたときはバリバリ、パリパリというような高い音になります。低い音ほど遠くまで届くためです。

雷雲の中はどうなっている？

雷は、雲の中にたまった静電気が、雲の中や雲との間、または地面との間に流れることで起こります（写真1～2、図1)。積乱雲（雷雲《らいうん》）の中ではマイナスの電気を帯びた雲粒が下の方に集まり、プラスの電気を帯びた雲粒が上の方に集まっています。このため雲の中で放電することが多いのですが（雲間雷《うんかいらい》)、地面との間で電気が流れると落雷となります（対地雷《たいちらい》)。まれに雲が変形していると、雲の上部のプラスの電気と地面で落雷が起こることもあります（正極雷《せいきょくらい》)。正極雷は冬季の日本海側を中心に、あちこちでときどき見られます。

雷が落ちやすい場所とは？

雷が落ちやすいのは地表から出っ張ったところです。高い建物や、鉄塔、高い木などはよく雷が落ちる場所です。木に雷が落ちると、激しく裂けてしまいます(写真3)。田畑や校庭など平らなところでは、人間が立っているだけで、他より突き出ていますから、雷が落ちる危険が大きくなります。

雷雲が近づいたら、なるべく低い場所を探して姿勢を低くするのがいいといわれています。俗にネックレスなど、身につけた小さな金属を外した方がいいともいわれますが、これはほとんど関係がありません。ときには田んぼや水面に落ちることもあり、こういうときは雷の電気が水を伝わってくるので気をつけなければいけません。こうした落雷を避けるには、大きな建物や、鉄板でおおわれた車の中に逃げ込むのがいちばんです。ビルなどには避雷針《ひらいしん》がついていて、雷が落ちても地面へ電気を逃がして建物に損傷がないようにしてあります。

雷雲の上で起きる謎の発光現象

最近になって、雷雲の上空 50〜80 km 程度の高さのところで起きるスプライトという放電発光現象がわかってきました。雷は地表に落下するだけでなく、落雷の直後に瞬間的に、雲の上にも電気を流しているのです。最初は飛行機のパイロットが見つけましたが、超高感度ビデオカメラを使うと街なかでも観測することができます（写真 4）。いろいろな形があり、複数の光が同時に見られたり、いまだ謎の多い現象です。落雷があれば必ず見られるというものでもありません。前述の正極雷が関係するともいわれています。

雷を観察するときは

さて、雷の観察には安全が第一です。雷には強い雨やひょうもともなうので、見晴らしのいい部屋などから観察した方がいいでしょう。稲光の瞬間は前もって予測できないので、撮影は、写真よりはビデオの方が簡単です。ただ、夜間であれば、あらかじめシャッターを開けておいて、落雷が起きた直後にシャッターを閉じて写すことができます。カメラを落雷の発生しそうな方向に向け、ピントは無限遠に固定し、絞りはフィルムの感度や空の明るさであらかじめ決めておきます。慣れてくると日中でも写真撮影できます。落雷が見られた瞬間にシャッターを押すのです。落雷はパッパッと 2〜3 回続くことがあるので、次の落雷を写すことが可能です（写真 5）。

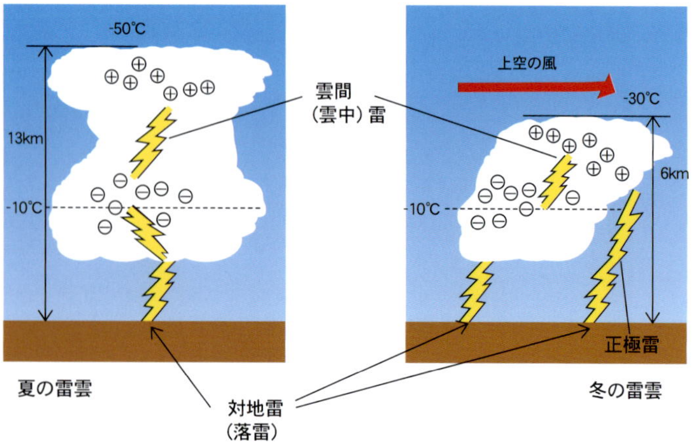

図1　雷雲の中
雷雲の中では、上側がプラス、下側がマイナスの電気を帯びます。電気が起きるのは、雲の中で大小の氷の粒（あられなど）が衝突し、まさつで静電気が起きるからではないかといわれています。冬の雷雲は背が低いので、プラスの電気を帯びた雲からの正極雷が起きやすくなります。

□ 写真1

空を走る稲妻

稲妻が落ちることなく空を枝分かれして走っています。ややが距離が離れているので赤っぽく見えます。このように雷は、落雷よりも、雲の中や雲の間を走るものの方が多いのです。　　（5月　千葉県柏市）

□ 写真2

落雷

落ちる稲妻と空を走る稲妻が同時に現れました。落雷の方が明るく太くなっているのは、放電が何回も起きたためのようです。　　（5月　千葉県柏市）

□ 写真3

落雷で割けた木

遊歩道に並ぶ樹木が、落雷によって激しく引き裂かれました。とくにこの木が背が高く大きかったわけではありません。もし人間に落ちていたらたいへんなことになっていたでしょう。
（8月　千葉県我孫子市）

□ 写真5

日中の落雷

日中の雷を写真に撮るのは簡単ではありません。しかし、落雷は 2～3 回連続して光ることがあるので、最初の発光に反応してシャッターを押すと、そのあとの稲妻がこの写真のように写ることがあります。　（6月　千葉県我孫子市）

□ 写真4

スプライト

落雷とほぼ同時に、高さ 50～80 km くらいの高い空で放電発光現象が起きることが最近わかってきました。超高感度ビデオカメラ（白黒）でその瞬間をとらえたものです。下に淡く光る雷雲までの距離は約 300 km です。（2月　千葉県柏市）

2-3

台風のとき雲や風はどうなっているか

台風のまわりは雲の展覧会

台風が近づいてきたら、気象衛星画像などで位置を追いながら、雲の観測をしてみましょう（写真 1）。台風通過前後は雲の展覧会です。台風の近くでは、低い空に水分をたくさん含んだ積雲が、ときに灰色をして素早く流れていきます。積雲はふつうあまり動きませんから、異様な光景です。また、雄大積雲や積乱雲が見られるようになると、急に強い雨が降り出します。

台風のとき、風はどんなふうに吹く？

台風のまわりの地表付近の風は、中心に向かって反時計回りに吹き込むように流れます（図 1）。ということは、台風の進行方向を向いて右側の範囲では後ろから風が吹き、同じく進行方向を向いて左側では前から風が吹くことになります。台風が前へ進むときには、後ろから前へ台風全体を押す風も吹いていますから、台風の進行方向を向いて右側では、この風と台風自身の風が同じ向きを向くことになり、風がより強くなります。

また、高い空では、地表付近の風の流れとは反対に、時計回りに吹き出す空気の流れがあります（図 2）。そのため、台風接近時には高さによる雲の流れのちがいが興味深く、上層と下層で雲がちがう方向に流れることが多いのです。

洪水や高潮、台風一過

台風通過時は、横なぐりの雨がたたきつけるように降ります（写真 2）。河川の氾濫や洪水が心配されますし、海岸付近では高波や高潮が大きな被害をもたらします。台風の中心付近では気圧が低いので、このせいで海面が上昇し（1hPa の気圧低下で、だいたい 1 cm 上昇します）、強風による波浪《はろう》（71 ページ）と相まって波が高くなるのです。

台風の目に入ると、風がやんで青空が見られるといわれます。しかし、沖縄・九州あたりでは可能性がありますが、本州付近では台風の形がくずれて目がはっきりしないことが多く、青空が見られることはほとんどないでしょう。

台風が去るときには風向きが急に変わります。台風を追いかける積雲や層積雲がなくなると、ちりを洗い流して澄んだ青空が広がり、きれいな夕焼けなどを見ることがあります（写真 3）。このような台風のあとの晴天を台風一過《いっか》といいます。

□ 写真1

南海上の台風の衛星写真

台風は、上から見て反時計回りの大きな渦となっています。日本の南海上にある発達中の台風の中心には、雲のほとんどない目が見え、この中では風雨が弱くなっています。目のまわりには、積乱雲が列をなして並んだ大きな「腕」が、いくつも伸びています。台風が近づくと、急に強い雨が断続的に降るのはこの腕のためです。

（2004年 6月 18日 17:00 、可視画像、気象庁提供）

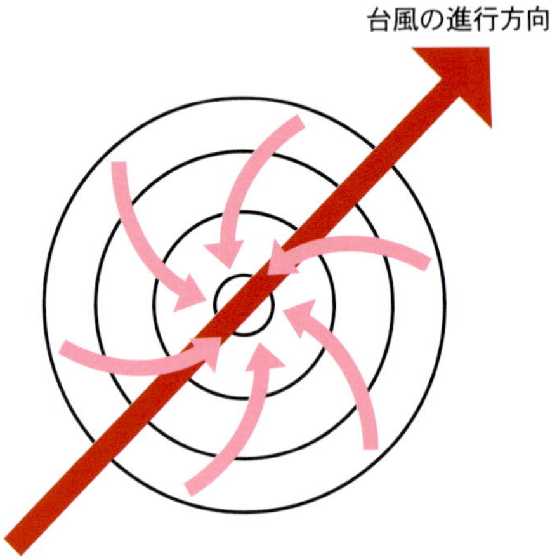

図1　台風の進行方向と風の強さ
台風の進行方向右側は、台風自身の風の向きと台風全体を押す風の向きとが同じになるので、より風が強くなります。逆に進行方向左側では、少し風が弱くなります。

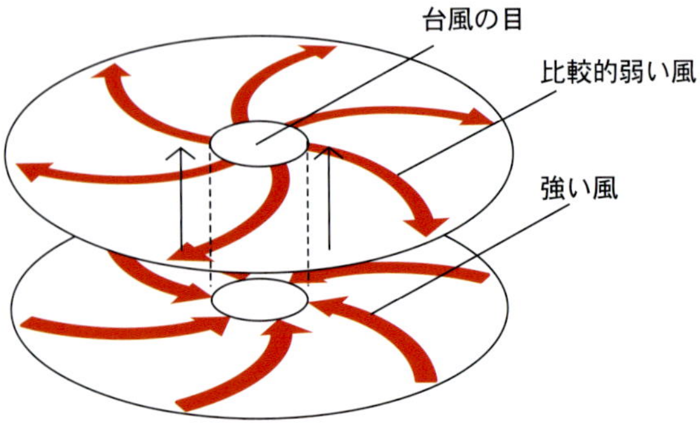

図2　台風の中の風向き
地表付近では反時計回りに中心へと吹き込む風が吹きますが、上空では反対に、時計回りに中心から吹き出す風が吹きます。このため、台風の近くでは高さによって雲の流れる方向がちがうのです。

□ 写真2

台風の風雨

台風接近によって毎秒 30 m 前後の風が吹いているときの、学校の体育館の屋根のようすです。強風で屋根に降った雨が吹き上げられていて、風が屋根をはがそうとする勢いを感じます。（9月　千葉県我孫子市）

□ 写真3

台風一過

台風が過ぎ、風雨がおさまり晴れることを「台風一過」といいます。台風を追いかけるように積雲の群れが流れていき、高い空には台風から吹き出している雲もまだ見えています。（6月　千葉県我孫子市）

2-4

竜巻はどうやってできるのか

おそろしい竜巻の破壊力

竜巻《たつまき》は、本体の太さが数十～数百mくらいの激しい風のうず巻きで、中心付近では台風の中心付近の数倍程度の非常に強い風が吹きます。この竜巻が数分間にわたって数km程度移動して、あたりの家を倒したり車を吹き飛ばすのです。日本ではその数や規模が小さく、ふつう海ぞいなどで小さな竜巻が観測される程度なのですが、千葉県茂原市では1990年に日本で最大規模の竜巻が発生し、家が倒れて車が飛ぶなど大きな被害をもたらしました。

竜巻のでき方

竜巻はどのようにできるのでしょうか（図1）。竜巻が発生しやすいのは、日本では台風の接近時や強い寒気がやってきたときです。こういうときに積乱雲の内部では激しい上昇気流が起こります。それによるうずが小さく強くなって地表まで下りてきて、竜巻となります。竜巻の前には積乱雲から「ろうと雲」が回転しながら垂れ下がっているのが見られます（写真1）。竜巻を起こす大きな積乱雲は、昼間でもあたりを暗くし、不気味です。

竜巻発生の写真

写真1～3は2002年12月に鹿児島県与論島から海上に見られた竜巻です。積乱雲から3本のろうと雲が下りてきて、互いに位置を変えながら、ついにその1本が海面まで下りてきて、海面上に水しぶきを起こしました（写真2）。数分間曲がりくねりながら移動し、また雲の中に戻っていきました。この雄大積雲は、竜巻を発生する前に、左右から積雲をたくさん吸い込んで成長していましたから、雲の中ではかなり強い上昇気流が発生していたのでしょう。

竜巻の右側の雲の中心部分からは激しい雨が降り、黒いカーテンのように暗くなっています（写真3）。その後、この雨域に太陽光線が当たり、水平線上の低空に、横に伸びた小さな虹が見られました。

日本では竜巻を観察しようと思ってもめったにできるものではありませんが、竜巻の動きは複雑で予測がつきませんし、人間や車を持ち上げるほどの力があるので、たいへん危険です。また、日本では夜間や降水のために竜巻の存在が見えないことが多いのです。写真のように、日中に沿岸から遠くの海上に見える竜巻があれば、観察に都合がよいでしょう。

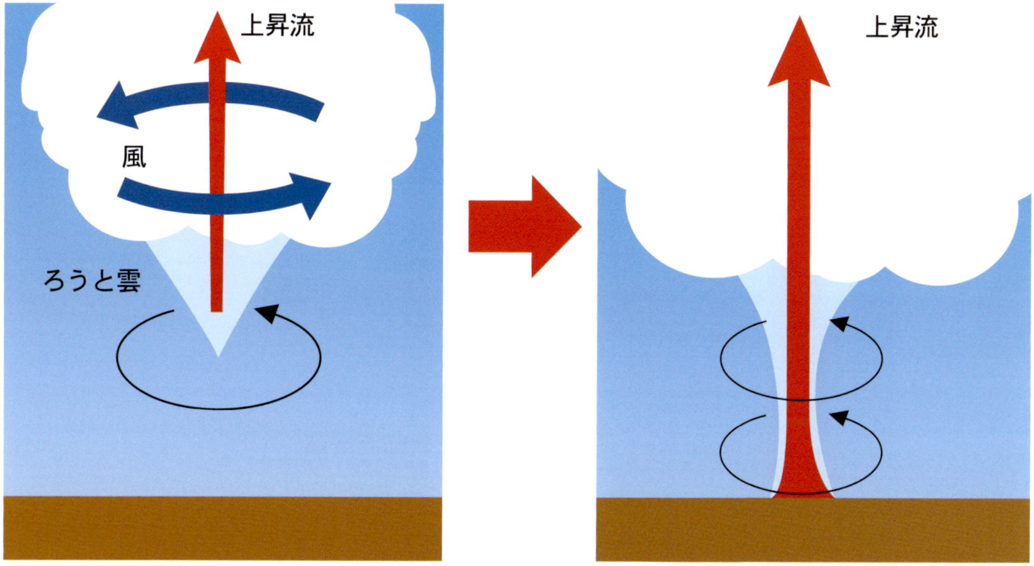

図1　竜巻のでき方
雲の中に激しい上昇気流ができると、雲が垂れ下がって、ろうと雲をつくり、ついには竜巻になります。

□ 写真1

竜巻のしくみ

左側には太く、ろうと雲が見られ、右側では曲がりながら竜巻が海上に下りています。　（12月　鹿児島県与論島）

□ 写真2

海上の竜巻

竜巻の近くでは、猛烈な風がうずを巻いて水しぶきを吹き上げていました。海面まで下りてきたのはこの１本だけで、10 分間ほどで消えて、被害はありませんでした。（12月　鹿児島県与論島）

□ 写真3

竜巻を起こす雲

竜巻を見ることはなかなかありません。しかし、このような怪しい雲（周囲の小さな雲を集める大きな暗い感じの雲）に気がつくと、竜巻（写真中央下）が下りてくる光景が見られるかもしれません。（12月　鹿児島県与論島）

2-5

風がつくる形を探そう

風がつくるうず　つむじ風

風は空気の動きですから、ふだんは目に見えませんが、ときどき形を現すことがあります。いまそこにどんな風が吹いているかわかることもありますが、それだけでなく、その土地にいつもどんな風が吹いているのかがわかったり、少し前の風向きがわかったり、上空の風の流れがわかるような手がかりが、目に見えることがあるのです。

中でもおもしろいのは、つむじ風（旋風《せんぷう》）です。校庭などの砂ぼこりや公園の落ち葉が、強風によってうずを巻いて上がっていく現象です。つむじ風はときどき竜巻と混同されますが、別の現象です。風が建物に当たるなどして、ある場所で強くなると、そこでうずをつくるようになります。北海道などでは旋風で粉雪が舞うところが見られます（写真1）。

地面や樹木に残る風のあと

風は地面にも形を残します。砂漠などに見られる風《ふう》紋《もん》がとくに有名ですが、日本でも砂丘や大きな砂浜で、風が強いときやその後に見られます（写真2）。凹凸の波模様は風とは垂直な向きにできます。同じように、地吹雪が起こったあとにも、雪面にさまざまな模様が見られることがあります（写真3）。北海道などの乾いた雪は、強風で吹き飛ばされやすいので、このような模様になるのです。

植物にも風は影響します。風の通り道で樹木の形がいびつになっていることがあります（写真4）。いつも同じ方向に強く吹く風のため、風上側の成長がさまたげられ、幹や枝は風下側に伸びるのです。このことを利用して、山や海岸などで木の成長の向きを調べると、風の通り道の地図ができます。

雲の形で風のようすを知る

空の高いところの風は、雲の形から推測することができます。上空の風が強いときは、風紋やさざ波のような波状雲が見られます（写真5）。たいていは風向きと直角な波模様ですが、冬の日本海上空の雪雲や、ジェット気流が強く吹くときなどは、雲が風の向きと同じ方向に並んだり伸びたりすることがあります（写真6）。

□ 写真1

つむじ風(旋風)

強風が学校の校庭で砂を巻き上げたり、公園で落ち葉を回転させたりします。これはつむじ風というもので、よく混同されますが竜巻とはまったくちがいます。北海道では、積もった粉雪が舞ってつむじ風が見えることがあります。　　　（12月　北海道）

□ 写真2

砂の風紋

強風によって砂浜にできた模様で、風紋といいます。砂は粒子がそろって動きやすいので、風に直角方向に並ぶきれいな縞模様になります。（5月　千葉県九十九里海岸）

□ 写真3

雪の風紋

乾いた雪は軽くて遠くまで運ばれる一方、古い雪や湿った雪は凍りついてくずれません。このようにしてできる雪の風紋は、不規則な模様になります。

（3月　北海道小清水町）

□ 写真4

扁形樹

高い山や海岸など、同じ向きに強風が吹きやすい場所では、樹木が風下側に成長して、写真のようにいびつな形になることがあります。　（5月　富士山５合目）

□ 写真5

波状雲

上空の風が強いときは、雲が波のような形に並ぶことがあります。雲は風と直角方向に伸びています。このような雲が現れるときは天気が変わりやすく、悪天になる恐れがあります。
（6月　栃木県）

□ 写真6

空に伸びる雲

上空の風にそって空に横たわる大きな雲がありました。風の向きに雲が伸びたものと思われます。（12月　福島県西郷村）

2-6

なぜ海にはいつも波が立っているのか

海の波がやまない理由

風のないときであっても、海には必ず波が起きています。どうして波は起きるのでしょうか。

海面に風が吹いてできる波を風浪《ふうろう》といいます。風浪は波頭《なみがしら》がとがって、横から見ると平たい三角形のような形状をしています（写真1）。強い風が吹けば大きな風浪ができますし、一度できた風浪にさらに長時間風が当たると、風浪はどんどん大きくなります。風が非常に強ければこの波の高さは数mにもなります。

風浪のエネルギーは波長の長い「うねり」となって遠くまで伝わります（写真2）。海上に大きな台風があると、数千kmも離れたところにまで大きなうねりが届くほどです。このため、大きな海では波がなくならないのです。太平洋側の海が日本海側よりも波が大きいことが多いのは、遠くからうねりがやってくるためです。瀬戸内海などの内海や湾では、うねりは海峡を通してしか伝わってこないので、ほとんどありません。

光の反射で波のようすを知る

波の大小は、朝日や夕日が海面に映るようすでも推測することができます。海面には風浪やうねりなどさまざまな波があるので、太陽の光は鏡に映るように1カ所で反射するのではなく、縦長のやや広がった帯状にかなたまで伸びています（写真3）。波が高いときほど、光の帯は広くなります。水面を見下ろす形になる高い場所からは、長時間にわたって、この光景が大きく美しく見られます。

もっと太陽が高い位置にある日中は、飛行機から、反射光がほぼ円形に白くきらきらと輝いているのが見えます（写真4）。やはり、波が高いときは反射される領域が広くなっています。

遠くから波がやってくることがない湖沼では、海とちがって波が少ないため、反射する光はせまくなります。風のないときの低空の太陽や月の光は、光の帯が反物《たんもの》のように伸びて美しい光景となります（写真5）。月などが高い空にあっても、風がなく、流れ込む川の波もなく、また鳥や魚などの動きもない、鏡のような湖面のときには、その形が乱されることなく美しく映ります。部分的に水面が乱れているときには、反射が2カ所以上で見えることもあります（写真6）。高原の小さなきれいな沼などでは、夜に空の星々や流星がそのまま映るときもあり、とても感動します。

潮の満ち引きはなぜ起きる？

潮の満ち引きも、波を引き起こします。地球と月はお互いの間を、両者の重心を中心にして回っているので、地球には月からの引力と重心のまわりを回るときの遠心力が発生します（これらを潮汐力《ちょうせきりょく》といいます）（図1）。そのため、地球の海面は1日ほぼ2回の干満をくり返します。大きな海では、地球の月のある側とその裏側では満ち潮になり、満ち潮の位置から90度ずれたあたりは引き潮になるのです。この潮の満ち引きのときに海水が動き、潮流《ちょうりゅう》が生じます。新月と満月のころは太陽による潮汐力の影響も少し加わるので、大潮《おおしお》といって、干満の差がとても大きくなります。九州の有明《ありあけ》海は潮の満ち引きの高低差が大きいことで有名で、大潮のころは海面の高さが5 mも変化します。潮が引いたときは広々と干潟が広がりますが、満ちてくるときは流れの速い潮流が襲ってきます（写真7）。

潮汐で起きるうず潮

潮汐によって瀬戸内海などのような内海に海水が出入りするときには、せまい場所で速い流れやうず潮が発生します。鳴門《なると》海峡のうず潮はとても有名です（写真8）。海峡を境に内側と外側で海面に高低差が生じ、海水が勢いよく流れて、うずができるのです。うずは大きいものでは直径が20 m前後もあり、この近くでは遊覧船のような大きな船でも大きくゆれるほどです。

潮汐による高低差は、海によって数十cmから5 m程度までと、大きくちがいます。潮干狩りや釣りなどに行くときは、各地の干潮、満潮の時刻や潮位を調べておく必要があります。また、内海や湾では流れが複雑になるので、場所によって満潮や干潮の時刻が大きく異なります。

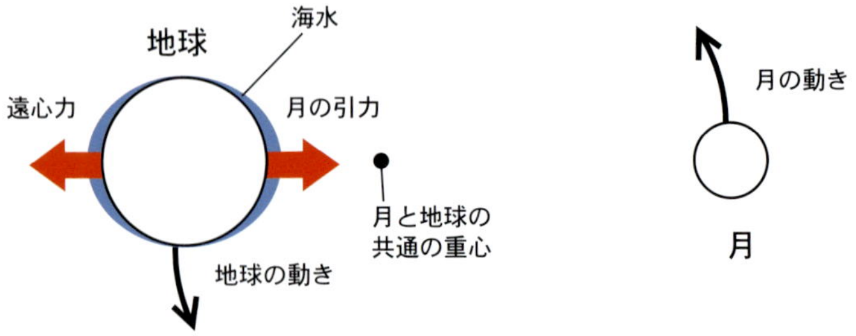

図1　潮の満ち引きを起こす力、潮汐力
月と地球は、両者の共通の重心のまわりを回っています。このため、月に近い側の地球表面には、月の引力が強く働き、反対側の表面には遠心力が強く働きます。この二つをあわせて潮汐力といいます。海で潮の満ち引きが起きるのはこの潮汐力のせいです。

□ 写真1

風浪

海面上を風が吹くと、海面と空気のまさつによって海水が動きます。こうしてできた波を風浪といいます。波のてっぺんはとがっていて、横から見ると三角形の頂点のようです。　　　　　　　（8月　千葉県館山市）

□ 写真2

うねり

巨大なくじらの背のような形をした間隔の長い波が、遠くから伝わってきました。沖合に台風などがあると大きなうねりがやってきます。海岸に近づくと磯波となって、大きな音を立ててくずれます。

（9月　千葉県九十九里海岸）

□ 写真3

夕日の海面反射

丘の上から夕日をながめると、海に反射した太陽光が美しく伸びていました。波によってきらきらと反射し、大気による散乱で水平線のあたりはオレンジ色になっています。地球が丸いことも想像できます。
（1月　千葉県鋸山）

□ 写真4

飛行機から見た海面反射

海面に反射した日中の太陽光が、飛行機の窓から見えました。夕日とちがって反射光は丸くなっています。この反射光の広がりから海面の波の状態がわかります。　（3月　東京湾上空）

□ 写真5

沼面の月光

波のほとんどない沼に、昇ったばかりの満月の光が映った写真です。反射光は月と同じ幅で細長く伸び、かすかなゆらめきが幻想的でした。

（1月　千葉県手賀沼）

□ 写真6

2つの反射光

太陽が昇ってまもなく、沼の上は霧が発生して白っぽくなっていました。水面には、波のあるところで長い反射光が、波のほとんどない場所ではまぶしい点状の反射光が見られました。

（5月　千葉県手賀沼）

□ 写真7

潮流

有明海に潮が満ちていくようすです。この日は大潮だったので、波を立てながら潮流が岸へ勢いよくやってきました。海面の高さが5 mも変化します。　（10月　九州有明海）

□ 写真8

うず潮

潮流がせまい場所を流れる鳴門海峡では、海峡の両側に海面の落差ができ、そこを海水が勢いよく流れるときにたくさんのうずができます。写真は春の大潮のころで、うず潮の直径は20 mほどありました。（4月　徳島県鳴門海峡）

2-7

流れ星で高度100kmの風を見る

雲よりずっと高いところの風

地上の空気が上昇気流などによって上下に循環するのは、だいたい高度 13 km くらいまでで、雲もそれより高いところにはふつうありません。しかし、それよりも高い高度にも、薄い空気が存在し、風も吹いています。

流星（流れ星）によって、高さ 80〜100 km 付近の空気の流れが目で見えることがあります（写真 1〜2、図 1）。流星は大気に突入すると光を発しますが、そのあとにも流星の通ったあとが数分間にわたり淡く光り続けることがあります。これを流星痕《りゅうせいこん》といいます。流星痕は流星が通った高さ 80〜100 km 付近の大気中で発光しているものなので、この超高層の大気が動くと、それにともなって流星痕もゆらゆらと動いていきます。2001 年 11 月に、しし座流星群が地球に降りそそいだときは、こうした流星痕がたくさん出現し、動きを連続して写真に撮って調べることができました。複数の地点からの写真を利用すると、流星痕の高度や動く速さを推定することができます。超高層の大気には秒速 100 m を超えるような非常に速い流れがあるようです。

流星痕の謎

流星痕がどのようにできるかは、じつはよくわかっていません。大気と流星本体の成分の両方の物質が発光しているようです。双眼鏡で流星痕をよく見ると、流星痕の線が二重に見えるので、流星痕は筒状に発光して動いているように思われます。

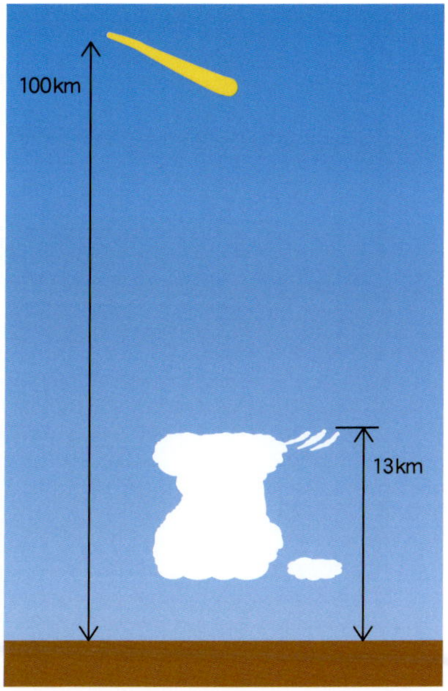

図1　流星痕の高さ
日本で見られる雲は、もっとも高いものでも地上13kmくらいですが、流星痕は80kmくらい上空のものです。このあたりの空気の濃度は地表付近の10万分の1くらいしかありません。

□ 写真1

流星

宇宙からやってきた小さな粒が高速で地球大気に突入すると、まさつ熱で空気と流星本体の物質が発光します。しし座流星群によるこの流星は、緑からピンクへ色が変わり、最後に青白く爆発的に輝いています。(11月　茨城県旭村)

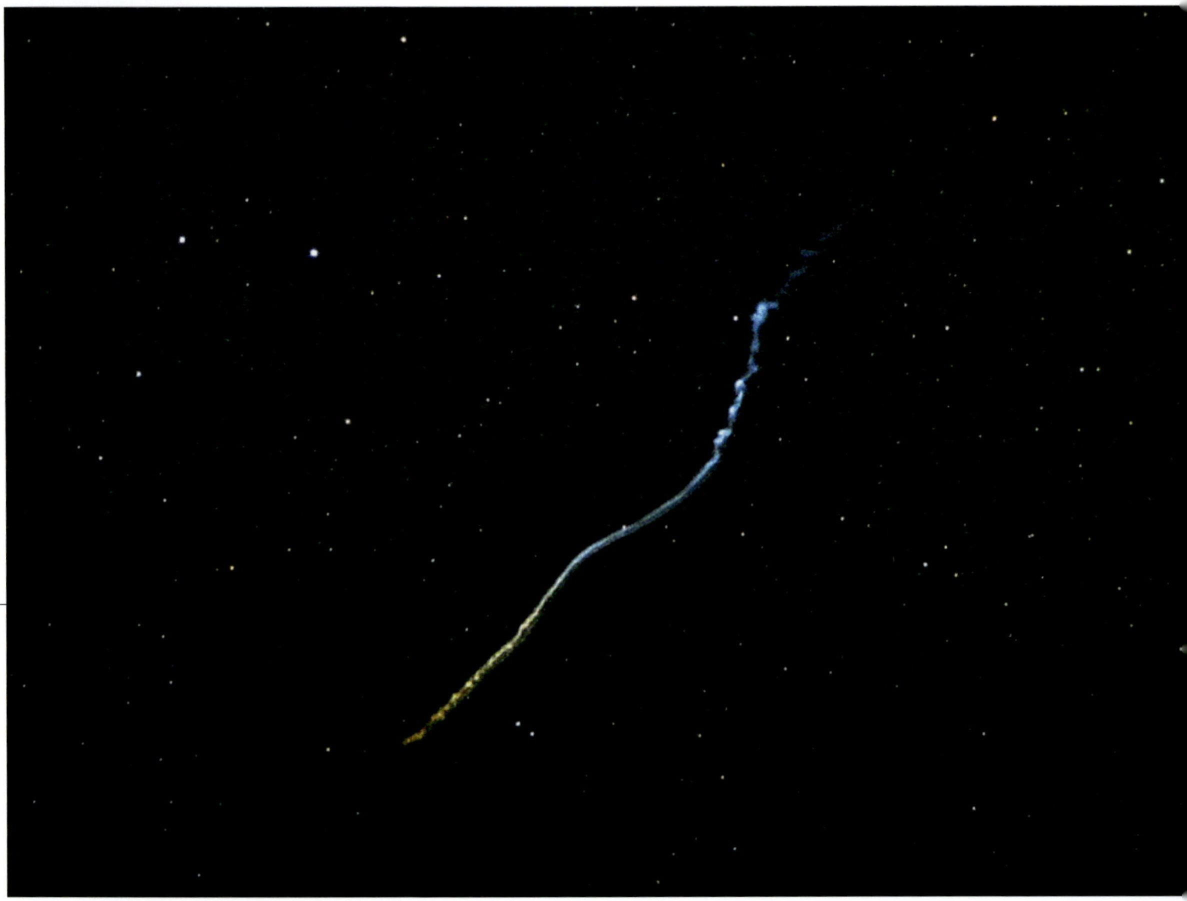

□ 写真2

流星痕

大きな流星が流れたあとに、淡い光のすじが空に残ることがあります。時間の長いものは数分間程度見られ、上空の風で流されていきます。このようすから、超高層大気の流れが推定できます。

(11月　茨城県大子町)

光る雪

気温マイナス10℃以下の晴れた空から，雪が輝きながら降ってきて，雪面にもその輝きがみられました。（北海道大雪山　2月）

第3章 氷と雪

3-1

いろいろな種類の雪を見てみよう

粉雪とぼたん雪のちがい

雪と一言にいいますが、場所や時期、気温などによってどれもちがいます。冬に旅行に出かけると、ふだん自分の家のまわりに降る雪とは、まったくちがう雪が降っていて、積もり方に特徴があることに気づくでしょう。

大きくわけると、雪には粉雪とぼたん雪があります。高い山や北海道で降る雪は、たいてい粉雪です（写真2）。粉雪は気温が0℃を下回るときに降り、べたべたしていないので降り積もっても風で飛び散りやすく、雪だるま作りも雪合戦も困難です。一方、本州の暖かい地方で降る雪は湿っていて、しばしばぼたん雪となって降ります（写真3）。ぼたん雪は気温が0℃から3℃くらいのときに降ります。降ってくるぼたん雪を見上げると、灰色の大きな雪片がふわふわと、中には回転しながら空から落ちてきます。ぼたん雪の雪片は、大きなものでは3〜4 cmにもなります。

雪の結晶の形を見てみよう

雪の結晶を見るのは、とても楽しいものです（写真1）。世界で初めて人工的に雪の結晶をつくることに成功した中《なか》谷《や》宇《う》吉郎《きちろう》博士は「雪は天から送られた手紙である」といいましたが、雪の結晶の形から上空の気象状況を知ることができるのです。結晶の形には、角板状、柱状、針状、樹枝状などがありますが（図1）、たとえば、−15℃程度で湿っているときには、大きな樹枝状の結晶が成長します。樹枝状結晶が4 mm程度まで大きくなったときは、肉眼でもはっきり模様がわかります。雲の中の気温が−10℃より高いと、雪の結晶に他の結晶や雲粒がたくさんついて、雪片やあられ（雪あられ）になりやすいです。

雪が地上にくるまでの時間は？

雪はとてもゆっくりと降ってきますが、どのくらいの時間で地上までやってくるのでしょうか。雪の速さを測定するために、フラッシュを連続して光らせながら撮影してみました。写真から計算すると、このときの雪の落下速度は3 m/秒でした（写真4）。雨の場合、直径が2 mmの雨粒なら7 m/秒で落ちるといわれています。雪の場合はその半分の速さで、このため、雪はそうとう前に上空にあった雲から降っていたことになります。たとえば、4000 m上空の雲から落下してくるのには約20分もかかる計算です。

□ 写真1

雪の結晶

雪の観察の楽しさは、結晶を見ることでしょう。気温が−15℃程度で空気が湿っているときには、樹枝状の大きな結晶が成長します。山間部やスキー場などで美しい結晶が見られることがあります。

（1月　岐阜県新穂高）

樹枝状

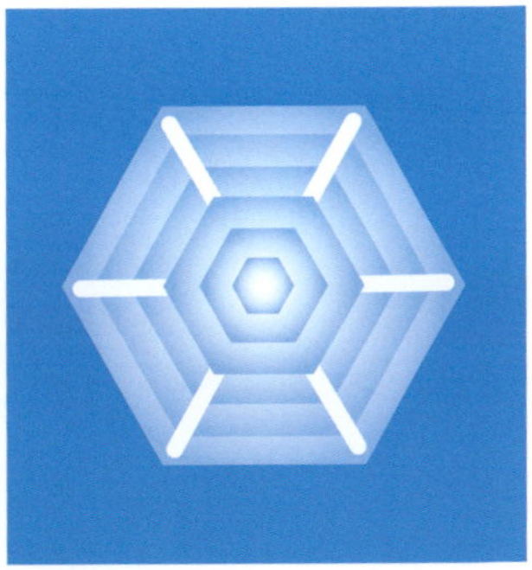

角板状

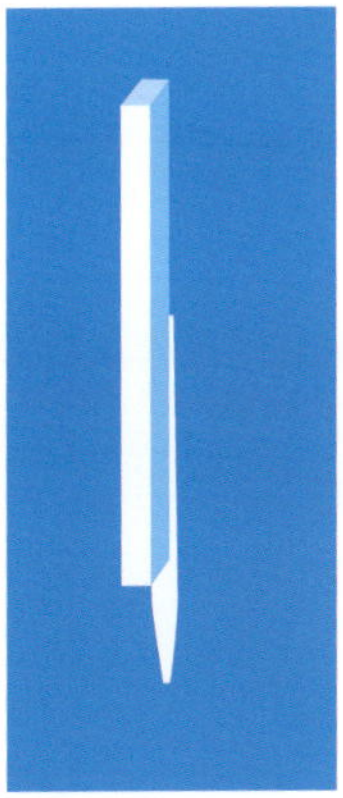

針状

柱状

図1　おもな雪の結晶の形状

□ 写真2

粉雪

北海道など気温が氷点下の場所では、雪の結晶そのものや、結晶に氷が少しついた粉雪が降ります。日中は写真に撮るのがむずかしいので、夕暮れ時にフラッシュを使って降るようすを撮りました。（12月　北海道大雪山）

□ 写真3

ぼたん雪

冬の本州などで、気温が0℃を超えるときは、雪の結晶がからみ合い、また雲の中のたくさんの水滴がまわりに凍りつき、大きな雪片となって降ってきます。大きく重いものは落下速度も速いです。（3月　千葉県野田市）

□ 写真4

雪の落下速度をはかる

雪は雨より遅い速度で降ってきます。また白くて大きいので、フラッシュを連続発光することで落下速度を計算することができます。落下する雪片をよく見ると、回転しているものもあります。（1月　千葉県柏市）

3-2

空から降る氷を観察しよう

空から降る氷のかたまり　ひょう

空からは、雪よりももっと大きい氷のかたまりが降ってくることがあり、ひょう（雹）と呼ばれます。ひょうは春から夏のはじめ、積乱雲から降る大粒の雨に混じります。ひょうを降らせる雲は背が高くて大きく、その下の空はかなり暗くなります。ひょうの大きさが小さいときは、見た目だけでは雨とあまり見分けがつきませんが、窓や雨戸からトントン、バタバタと乾いた音が響くのでひょうとわかります。ひょうも大きさが5 mm 程度だと雨と落下の速度があまり変わりませんが（10 m/秒ほど）、直径が2 cm になるとスピードは20 m/秒と雨よりもかなり速くなり、ひょう害をもたらすようになります。

ひょうはどんな形をしている？

ひょうの形を観察してみるのもおもしろいでしょう。たいていは球形に近いのですが、いびつなものも多く、落花生のようにくっついていたり、表面がメロンパンのような模様になっているものもあります（写真1）。割ってみると断面に同心円状の模様がよく見られます。雲の中で、重力により落下したり、上昇気流によって吹き上げられたりして、何度も上下運動しながら大きくなってきたせいです（図1）。落ちてきたひょうの観察は、とける時間との勝負です。すぐに見るか、冷凍庫に入れましょう。

大きいひょうは当たると危険ですので、採集のさいに気をつけなければなりません。ピンポン玉大からニワトリの卵大にもなると、窓ガラスが割れ、車も凹んでしまうほどの破壊力があります（写真2）。2000 年5月24日には、千葉県や茨城県の利《と》根《ね》川ぞいで、ミカン大にもなった巨大なひょうが各地で住居や畑に被害をおよぼしました（写真3）。利根川ぞいは、ひょうの道になることがあります。

降る氷の仲間　あられと凍雨

雲から降る氷でも、直径が2〜5 mm のものはあられ（霰）といいます。透明がかったものは氷あられといい、春から夏に見られることが多いです。一方、冬の雪雲などから降る白い粒は雪あられで、雪の結晶に雲の過冷却水滴（0℃以下になっても凍らないでいる水滴）がたくさんくっついて丸くなったものです。中には雪の結晶の形を残しているものもあります（写真4〜5）。

変わったものに、凍雨というものがあります。雨粒が落下してくる途中に冷たい空気に触れて凍ったもので、透明に近い球形の氷です（写真6、図2）。雨か雪かという微妙な気温のときに、窓にパラパラと不思議な音がして、あるいは粒が落ちると小さくはねることから気がつく、珍しい現象です。上空には0℃以上の比較的暖かい空気が入り込んで、地表付近は0℃以下となっているときに起こると考えられます。

宙を舞う氷　ダイヤモンドダスト

また－10℃以下の厳寒の地では、ダイヤモンドダストがただようことがあります（写真7〜8）。これは小さな雪のように見えるかもしれませんが、透明な氷の粒です。地表近くの空気中の水分が寒さのために空中で結晶したものです。太陽光に輝きながら舞っている姿はとても美しいものです。ダイヤモンドダストは表面で光を反射するだけでなく、内部でも光を屈折させるので、ときどき色がついて見えます。この美しさは写真ではなかなか伝えられません。街中は氷の結晶の芯となるちりが多いので、山の中などよりはこの現象が起きやすいといえます。川ぞいや温泉地なども水蒸気が豊富なので、起こりやすいでしょう。このようなところで、気温が－10℃以下まで下がったとき、朝早く外に出てみるとよいでしょう。

□ **写真1**

ひょうの形

雲から降ってくる氷で、大きさが5mm以上のものを、ひょうといいます。透明ではなく白くにごっていて、形はさまざま、表面はなめらかではありません。内部には、中心から成長したなごりの縞模様があります。　（5月　東京都町田市）

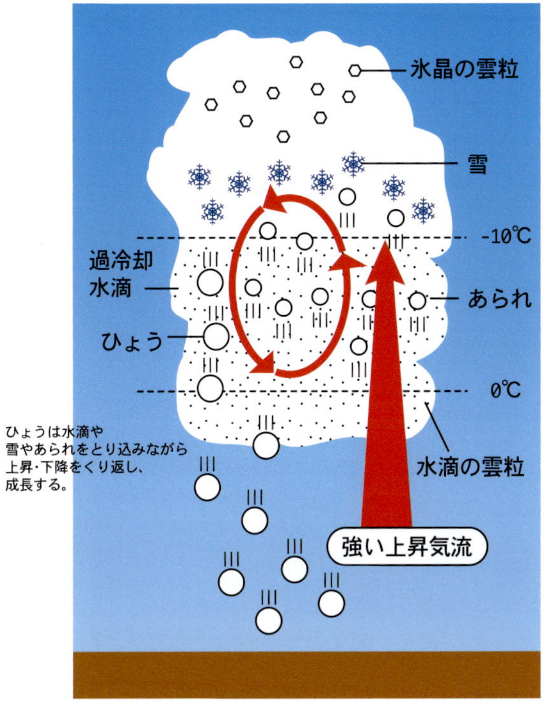

図1　ひょうのでき方
ひょうが降るのは、積乱雲の中の気温が−10℃くらいになるところに強い上昇気流があるときです。このようなときには、小さいひょうができても上昇気流に何度も吹き上げられるので地表に落ちることができず、そのあいだにどんどん大きくなります。そして、ある程度以上大きくなると、落ちてくるのです。

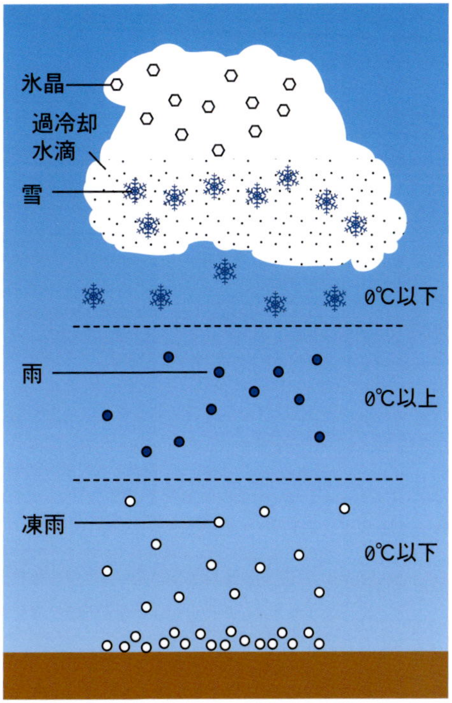

図2　凍雨のでき方
ふつう気温は上空の方が低いのですが、逆に地表近くの方が温度が低いとき、凍雨が降ることがあります。上空から雨として落ちてきたものが、地表近くの氷点下の空気にふれて凍ったのが凍雨で、とても珍しい現象です。

□ 写真2・写真3

ひょうの被害

ひょうの大きさがニワトリの卵大にもなると、車が凹んだり、ガラスが割れたり、農作物にも大きな被害をおよぼします。ひょうが降る範囲はせまく、その通ったところには被害のあとがひょうの道として残ります。
（5月　千葉県柏市・我孫子市）

□ 写真4

あられ

空から降る氷のうち、大きさが 2〜5 mm のものをあられといいます。半透明のものを氷あられ、白いものを雪あられといいます。雪あられは雪の結晶にたくさんの雲の水滴が凍りついて、白くころころした形になったものです。　　　　　　（1月　東京都町田市）

□ 写真5

雪の形のあられ

大きな雪の結晶に雲の粒が適度についたので、6 本の枝のあるかわいらしいあられが降ってきました。（1月　東京都町田市）

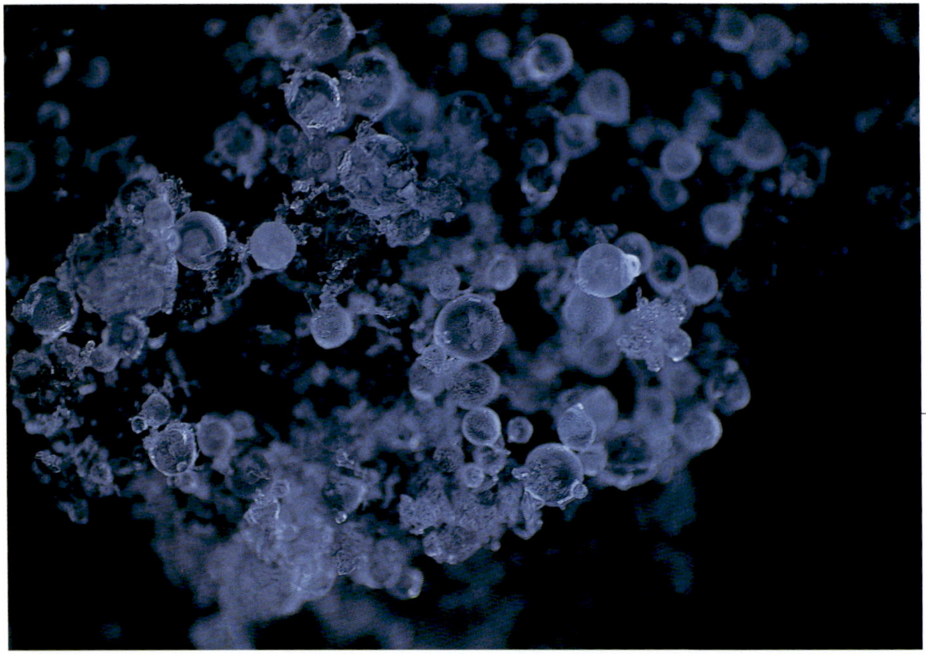

□ 写真6

凍雨

雨が降っている途中で、氷点下の冷たい空気にふれて凍り、1〜2 mm 程度の小さな氷の粒となって降ってきたものを凍雨といいます。落下したものは肉眼でも透明な玉に見え、肌に当たると不思議な感じがします。

（1月　千葉県柏市）

□ 写真7

ダイヤモンドダスト発生

−10℃程度に冷えて晴れた朝、ダイヤモンドダストのチャンスがあると期待していたところ、太陽柱（114ページ）がまず見られ、その近くにダイヤモンドダストの輝きが見えてきました。　（2月　栃木県日光霧降高原）

□ 写真8

ダイヤモンドダスト

目の前に、まるで銀河の星くずを見るかのように、たくさんのダイヤモンドダストが色づいて輝きました。この集まりは10分ほどで風とともに去っていきました。

（2月　栃木県日光霧降高原）

3-3

霜と霜柱のちがいとは何か

水蒸気が凍りついてできる霜

霜は、寒い日の朝に空気中の水蒸気が、地面や地面付近の物体に凍りついたものです。気温が2℃程度（地面から1.5 mの高さで測定）でも、地面近くは0℃以下になっていることがあるので、地表にはたくさんの小さな氷がついています（写真1）。とくに、晩秋から初冬の晴れた夜は放射冷却現象が強く起きて地面が冷えるので、風がないか弱いときによく霜がおります。霜は空気中の水蒸気が凍りついたものなので、風上側に多く見られます。また、霜は上空から水蒸気がやってくることで成長するため、屋根でおおわれた部分にはほとんどつきません。

地中の水分が凍ってできる霜柱

一方、霜柱は、地中の水分が地面に出てきて凍ったものです（写真2）。空気中から水分を得る霜とは、水分のもとも、でき方もちがいます。湿って水が出やすい土で、氷点下近くまで冷えた朝に見られます。持ち上がった表面の土の下にかくれていることもあります。関東地方はローム層（過去の火山灰で透水性と保水性がいい層）の土質で、冬は放射冷却によって朝に冷え込みやすく、霜柱には打ってつけの環境です。しかし、いまや地面はアスファルトにおおわれ、子供たちが霜柱を踏んで登校する光景も、あまり見られなくなってしまいました。

植物につく氷　シモバシラと樹霜

「シモバシラ」という名前の植物を知っているでしょうか。これはシソ科の植物で、初冬に地中から吸い上げた水を、茎の側面から蒸発させるときに数cm程度の霜をつけます。まるで氷の妖精のようです（写真3）。高尾山のものが有名で、12月ころの朝早くに、山頂付近を探すと発見できます。一つとして同じものがなく、芸術的な形をしたものもありますが、太陽が昇り気温が上がると、はかなく消えてしまいます。

寒い地方では、地面付近だけでなく、もっと高いところまで氷点下に冷え込んで、木の枝にも霜がつく樹《じゅ》霜《そう》が見られます（写真4）。朝、枯れ枝が真っ白に輝く美しい光景です。とくに、青空をバックにしたときは美しく、ダイヤモンドダスト（84ページ）と同時に見られることもあります。

□ 写真1

霜

地面付近の気温が氷点下になり、空気中の水蒸気が小さな氷となってついたものが霜です。早朝の沼のほとりでは、野菜の葉などにたくさんの霜がついていました。

（12月　千葉県我孫子市）

□ 写真2

霜柱

地中の水分が毛細管現象によって上昇し、地表付近で凍ったものです。下から成長していきますが、まっすぐなものもあれば、このように曲がっているものもあります。朝日が当たると、とけてたおれていきました。

（10月　群馬県丸沼高原）

□ 写真3

シモバシラ

「シモバシラ」とは、この霜の造形をつくるシソ科の植物の名前です。この植物の茎は、地中の水分を吸い上げて、割れ目から曲線的な霜をつくります。東京都の高尾山の山頂付近のものが有名です。
（12月　東京都高尾山）

□ 写真4

樹霜

川ぞいの枯れ枝にたくさん霜がつき、樹木の枝が真っ白になった光景です。晴れて冷えた朝だけに見られ、すぐに消えてしまいます。　（3月　北海道網走市）

3-4

不思議な氷と氷の不思議

気温が氷点下でも湖が凍らない理由

初冬の湖はなかなか凍りません。気温が氷点下になっても湖の表面が凍らないのは、表面の冷えた水が底にしずみ込み、かわりに下からまだ冷えきらない水が上がってくるためです。水は水温4℃でもっとも密度が大きくなります。このため、気温が下がると表面の水がしずみ込んで湖の底に4℃の水がたまっていき、湖水全体が4℃に冷えきるまで、この動きは続きます。ついに冷えきって表面が0℃になってから氷が張るのです。深い湖ではとくに時間がかかります（図1）。

このため、気温が相当下がっても湖が結氷しないことはよくあります。まだ湖が凍る前、氷点下の気温で風の強い日には、湖からはねてきた水が寒さで凍りついて、不思議な氷の造形が見られます（写真1）。また、おだやかな風が吹くときには、さざ波で湖面がゆれ、草に水が当たるごとに丸みを帯びた氷が少しずつ成長するということも起こります（写真2）。

湖の氷が盛り上がる「御神渡り」

ようやく水が冷えきると氷が張ります。この氷は池や湖に浮かびますが、これはよく考えると不思議なことです。ふつう、液体が固体になるときは、体積が小さく（密度が大きく）なります。しかし水は変わった性質を持っていて、固体（氷）になると体積が増えるのです。このため氷は水に浮くというわけです。凍った後でも気温によって氷は膨張収縮をくり返します。

周囲16 kmの諏訪《すわ》湖では、全面結氷したとき、気温が上がるさいの氷の膨張によって、薄い部分の氷が長々と盛り上がります。これを「御神渡《おみわた》り」といいます。2004年2月には1 m前後に盛り上がっていました（写真3）。この現象は毎年見られるわけではなく、また夜には氷が縮んで消えてしまいます。諏訪湖以外でも、北海道の屈斜路《くっしゃろ》湖などで見られます。

池や川で見られる美しい氷

小さな池では、水が冷えきるのが早いので、比較的早く氷が張ります。池の氷には、雪の樹枝状結晶（80ページ）の一部ような結晶の模様が見られることがあります（写真4）。小さな池は波があまり立たないので、ゆっくりと凍った氷が大きな結晶となりやすいのです。写真の氷は、風がなく晴れて冷えた早朝に見られたもので、一つながりの模様の大きさは数十cmもありました。

寒い地方では、川にも氷が張ることがあります。北海道などでは厳冬期に全面的に凍ってしまう川もありますが、茨城県大子《だいご》町の久慈《くじ》川では、シャーベット状の氷のかたまりがいくつも流れる現象が見られます（写真5）。地元では「シガ」といい、最低気温が－5～－10℃程度に下がったとき、寒い朝のうちだけ見られます。朝日に当たってキラキラと、川面をゆっくり流れる光景は幻想的です（写真6）。

樹木をおおう白い氷　樹氷

冬の季節風が吹きつける奥羽山脈などでは、雲の中の過冷却水滴（0℃以下になっても凍らずにいる小さな水滴）が、地表物の風上側に雪といっしょに凍りつくことがあります。くっついた氷は、あたかもエビのしっぽのような形になって成長していきます。この現象を樹氷《じゅひょう》といいます（写真7）。樹木全体が樹氷と雪におおわれて、巨大な白いかたまりになったものをアイスモンスターといいます（写真8）。大陸からの冷たい風に、暖かい日本海からの水蒸気が混じったものが、日本列島の高い山に直接ぶつかり、樹氷やアイスモンスターを形成するのです。樹氷は見た目よりも固くなく、手で簡単に壊れます。アイスモンスターは－10～－15℃程度で風の強いときに成長し、冬の終わりにもっとも大きくなります。1月から3月ころの山形県蔵王《ざおう》のものが有名で、ロープウェイで山頂付近まで行くと見ることができます。青森県の八甲田《はっこうだ》山や山形県と福島県の吾妻《あづま》連峰などでも見られます。

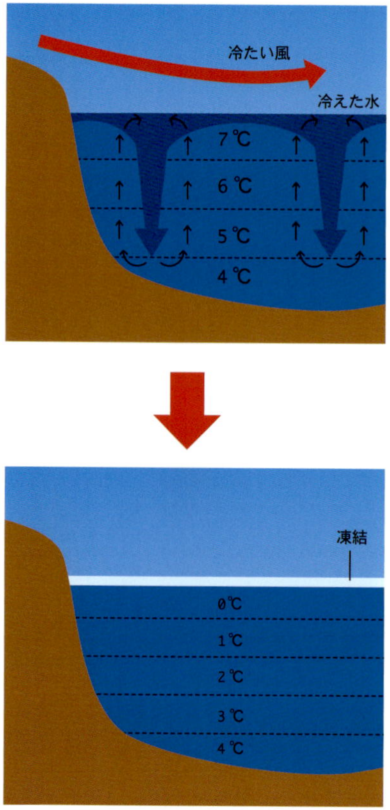

図1　湖になかなか氷が張らない理由
氷点下の空気で冷やされた表面付近の水は、密度が高い（重い）のでしずみます。そして、かわりにその下の比較的暖かい水が、密度が低い（軽い）ので浮き上がってきます。このせいで湖にはなかなか氷が張らないのです。

□ 写真1

しぶき氷

気温が氷点下になっても、深い湖はなかなか凍りません。そのようなとき、強風によってはねた水しぶきが、周囲の物体にさまざまな形に凍りつく現象が見られます。
（12月　北海道屈斜路湖）

□ 写真2

静かなしぶき氷

わずかに水面がゆれることによって、水面上に出た枝に水しぶきが当たり、氷の玉が成長していきます。朝日に輝く姿は宝石のようでした。　（12月　山梨県山中湖）

□ 写真3

御神渡り

長野県諏訪湖は厳冬期に全面結氷することがあります。氷は夜間に冷えて縮むので割れ目ができ、その割れ目に新しい氷が張ります。日中気温が上がって氷が膨張すると、氷の薄い部分が延々と盛り上がります。これを御神渡りといいます。　　　（2月　長野県諏訪湖）

□ 写真4

池氷の結晶

波のない山の中の池で静かに張った氷です。表面には雪の結晶のような模様が見られました。朝日が反射して見える場所からは凹凸の模様がよくわかります。大きな単結晶があちこちにつくられたと思われます。
（4月 福島県吾妻浄土平）

□ 写真5・写真6

シガ

茨城県大子町の久慈川では、冷えた冬の朝に、川面をシャーベット状の氷のかたまりがつぎつぎと流れていく光景が見られます。朝日に当たると川面は幻想的に輝きます。　　（2月　茨城県大子町久慈川）

□ 写真7

樹氷

−10℃前後で、雪混じりの湿った強風が当たると、木などの物体の風上側へ樹氷が成長します。この形状から「エビのしっぽ」ともいわれ、日本の蔵王連峰などは世界的に有名です。
（1月 山形県蔵王地蔵岳）

□ 写真8

アイスモンスター

樹氷が樹木全体をおおったものをアイスモンスターといいます。樹氷のおかげで内部はあまり冷えず、木は寒さから守られます。（1月　山形県蔵王地蔵岳）

3-5

流氷を見に行こう

冬のオホーツク海をおおう氷

冬季にオホーツク海に浮かぶ流氷は、通常1月ころに北海道沿岸に現れます。そして2月ころに接岸し、海一面が氷で真っ白になります（図1）。このころオホーツク海沿岸はもっとも寒い時期を迎えます。1月下旬から3月ころには、オホーツク海沿岸の紋別《もんべつ》や網《あ》走《ばしり》から流氷が見られる観光船が出ます。

流氷は板状で、海面上に一部を出して流れています（写真1）。盛り上がったときに流氷の板の断面を見ると縞模様になっていて、下の方から氷が成長してだんだんと厚くなったようすが想像できます（写真2）。これらの流氷は、風や潮の流れだけでなく、地球の自転の影響も受けながら動いていきます（地球の自転のために、北半球では流氷の動く向きを右側に曲げる力が働きます）（写真3）。流氷は動くとき、お互いにぶつかって鳴くような音を出します。

流氷の影響は春や夏にも残る

流氷は知床《しれとこ》方面を最後に、3月の後半あたりには見えなくなります（これを「海明け」といいます）。そして、流氷がとけた冷たい海水は親潮（北海道の東側を北から南へ流れる寒流）の流れに乗ります。そのため、根室《ねむろ》や釧路《くしろ》などの道東《どうとう》地方は、春の終わりから夏にかけて海面近くの空気が冷やされて、霧の発生が非常に多くなります（14ページ）。

世界的に見ても、オホーツク海より南では流氷は発生しません。オホーツク海は流氷の最南端なのです。しかし、流氷は以前より少なくなっていて、今後地球温暖化で気温が上昇すると、流氷が見られなくなるのではないかと心配されます。

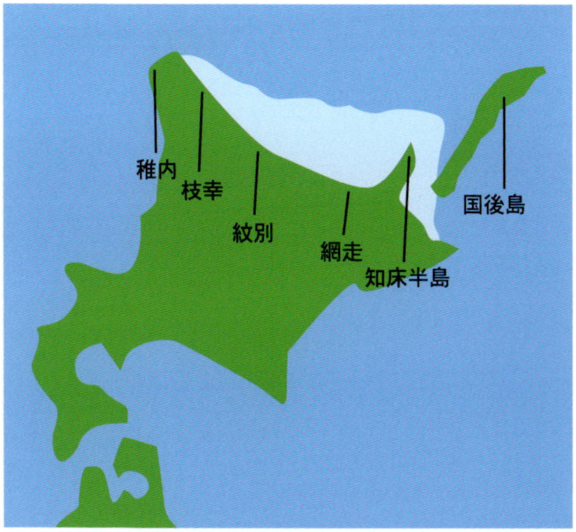

図1　流氷が見られる地域（流氷は沿岸付近のみ示してある）
流氷は稚内から網走、知床岬あたりまでのオホーツク海沿岸で、1月から3月ころに見られます。流氷は接岸するのが2月上旬ころ、もっとも発達するのは3月上旬ころということが多いようです。

□ 写真1

流氷

オホーツク海を埋めつくすように成長した流氷も、春になるとだんだんと、とけていきます。氷は海面上には全体の1割程度しか出ていないため、この写真では海水の青さが流氷の上にも見られます。
（3月　オホーツク海上空）

□ 写真2

流氷の成長

砕氷船によって持ち上がった割れた流氷の断面です。左側が海中にあった部分で、木の年輪のような縞模様が見られ、少しずつ氷が成長していったようすがわかります。（3月
北海道網走沖）

□ 写真3

流氷の移動

流氷は風や海流、そして地球の自転の影響を受けて動いていきます。この写真は知床半島の先端をまわり、国後島との間を右側へ南下していくようすです。（3月
北海道知床半島付近700m上空）

光芒

朝日が雲のすき間からもれて，カーテン状に光芒があらわれ，その下の海面も輝いています。(千葉県鴨川市　1月)

第4章 大気での光の変化

4-1

景色がゆがんで見える現象 蜃気楼

蜃気楼は光の屈折が起こす現象

蜃気楼《しんきろう》というと、ありもしないものが見える現象だと思う人がいますが、そうではありません。大気の温度差によって光が異常に屈折し、遠くの物体の見え方が大きく変化するのが蜃気楼という現象です。暖かい空気と冷たい空気では密度がちがうので、そのさかい目で光が曲がるということが蜃気楼の原因となっています。光がプリズムを通ったときのように折れ曲がるので、遠くの景色があたかも上の方に伸びて見えたり、下の方に映ったように見えるのです（107ページ、コラム「光と屈折」）。

冷たい海で見られる上方蜃気楼

蜃気楼には、地面（海面）付近に冷たい空気があって、その上に暖かい空気があるときに見える上位蜃気楼（上暖下冷型）と、逆に地面（海面）付近に暖かい空気があって、上に冷たい空気があるときに見える下位蜃気楼（上冷下暖型）があります（図1〜2）。

上位蜃気楼のときは、上に密度の低い、暖かい空気があることで、光が上側を凸にカーブを描いて進むので、観察者から遠くの景色が伸び上がって見えます。日本でいちばん有名な富山湾の春型の蜃気楼はこの上位蜃気楼です。4月から6月、おだやかに晴れた暖かい日中に、10〜20 km程度離れた場所の景色が伸び上がったり、上で逆さになって浮かんだりします（写真1）。これは海面付近の冷たい空気の上を、陸地で暖まった空気が流れておおうために生じるといわれています。同じ原理で、春先の北海道では、早朝に流氷が伸び上がって見えることがあります（写真2）。流氷で冷やされた海面付近の冷たい空気の上に、比較的暖かい空気が乗ったためと想像されます。このような上位蜃気楼の場合、水平線上にやや色の異なる空気の層が見られ、それが対象物との間に流れ込むと、その付近に蜃気楼が観察されます。

暖かい海で見られる下方蜃気楼

一方、暖かい海や湖の上、または熱せられた地面の上に冷たい空気がやってきた場合には、下位蜃気楼が見られます。冬に多く、対岸の景色や船が水平線から離れて見えたり、下側に一部が反射したように見えます（写真4）。光が下に凸の形に曲がるので、このときの見かけの水平線はいつもの位置より下がって見えます。遠くの島が浮かんで見える浮島現象は、このような下位蜃気楼の一種です（写真 3）。また「逃げ水」も、砂漠の地面やアスファルトの路面と地表付近の空気がたいへん高温となっているときに見られるので、下位蜃気楼と考えられます（写真 5）。逃げ水の見える場所には空や樹木などが映っているので、そこに水があるように錯覚するのです。

春から初夏に起こる富山湾の蜃気楼を見たいときは、あらかじめ天気予報や蜃気楼予測を見ておくとよいでしょう。浮島現象などの下位蜃気楼は、冬の寒いときに全国各地の海岸で見られます。このような蜃気楼はわずかな高さでも見え方が変わるので、しゃがんだりジャンプしたりして目の位置を変えて見るとおもしろいでしょう。また、蜃気楼の観察には双眼鏡が役立ちますから、ぜひ持っていってください。

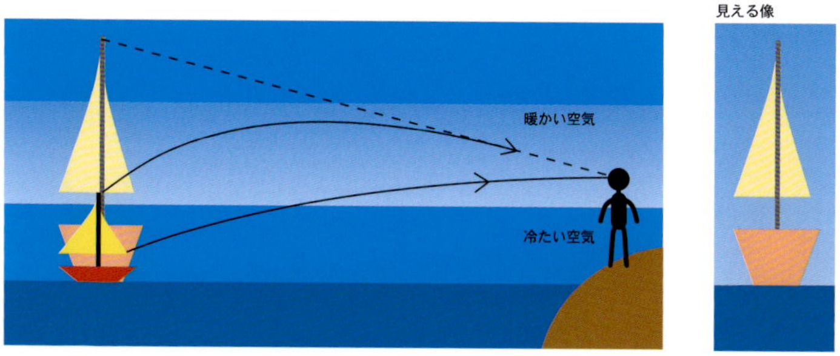

図 1　上位蜃気楼（上暖下冷型蜃気楼）
上位蜃気楼では、光が上に凸に曲げられるので、実際よりも景色が上に伸びて見えます。

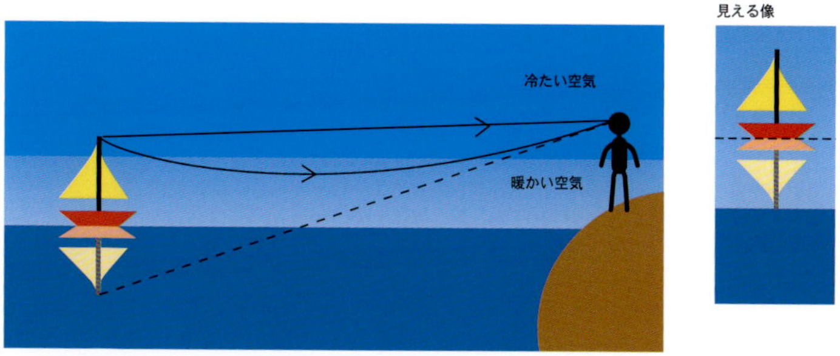

図 2　下位蜃気楼（上冷下暖型蜃気楼）
下位蜃気楼では、光が下に曲げられるので、実際より水平線は下に見えます。景色が水平線から浮き上がって見えたり、逆さに映って見えたりします。

□ 写真1

富山湾の春型蜃気楼

春から初夏にかけての富山湾で、伸び上がる春型蜃気楼（上方蜃気楼）が見られます。午後になって冷たい海面上に暖かい風が入ったとき、建物の下の方が上へ伸びて見えました。
（5月　富山県魚津市）

□ 写真2

流氷の春型蜃気楼

富山湾と同じタイプの春型蜃気楼が流氷の上に見られました。晴れて冷えた朝、水平線付近の流氷の一部が伸び上がりました。流氷がなくなる「海明け」のころに蜃気楼が出やすいようです。　（3月　北海道網走市）

□ 写真3

浮島現象

沖縄では冬になっても海は暖かいままです。そのため海面近くの空気の密度変化で光が曲がり、水平線上の物体が下に映るように見えます。遠くの島の下に空も映ったため、水平線から浮かんで見えます。

（12月　沖縄県読谷村）

□ 写真4

冬型蜃気楼

寒い朝、気温より暖かい海面や湖沼の上で、浮島現象のような冬型蜃気楼（下方蜃気楼）がときどき見られます。冬の霞ヶ浦では、対岸の景色や鹿嶋の工場の煙突が浮いて見えました。

（2月 茨城県土浦市）

□ 写真 5

逃げ水

逃げ水も蜃気楼の一種で、強い日射で暖められた道路の上で光が急激に曲がり、遠くの景色や空が道路に映って見えるので、あたかもそこに水があるかのように思えます。

（8月 北海道新得町）

4-2

つぶれた太陽
大気差

大気の濃さの差で光が曲がる

太陽や月が地平線近くにあるとき、注意して見ると、少し平べったくなっていることに気づきます（写真1、図1）。これも空気中での光の屈折が原因で起きる現象です。形がわかりにくいときは、減光した双眼鏡や望遠鏡を用意するか、体を横にして視点を変えてみると、つぶれ具合に気がつきやすいでしょう。

地球の大気は上空ほど薄くなりますが、この大気の濃度のちがいによる密度差によって、光の屈折が起こります。このため地平線近くをやってくる光は、空気の密度が低い上側を凸にして曲がります。屈折は地平線近くにある太陽の下側の方が強く起こるので、太陽は下側ほど、実際より浮き上がって見えることになります。これが太陽が平べったく見える原因です。この浮き上がり具合を「大気差《たいきさ》」といい、地平線付近がもっとも大きく、角度にして約0.6度、実際より上に見えています。

大気差のために昼間が長くなる

大気差の効果により、地平線付近では太陽は全体としても実際より上にあるように見えます。このため、大気差の効果がない場合に比べて、日の出はやや早く、日の入りはやや遅くなります（図2）。実際には地平線の下にしずんでいる太陽も大気差のために見えてしまうからです。日の出入りは、太陽の上端が地平線に達したときを基準にする決まりになっていることもあって（このことでも1〜2分ずつちがう）、春分や秋分の日の昼の長さはぴったり12時間ではなく、夜よりも少し長いのです。たとえば東京では16分程度長いことになります。なお、月の場合の出入りは、丸い月の中心を基準にしますが、大気差は太陽と同様です。

大気差で夕日が一瞬緑色に見える

この光の屈折は、プリズムで光が曲がるのと基本的に同じ原理で起こります。プリズムで光が曲がる角度は、光の色によってちがうのを見たことがあるでしょう。この大気差による浮き上がりも、光の色によってわずかに異なります。地平線近くでは光が分かれ、下側がやや赤く上側がやや緑っぽくなっています。このことにより、太陽の出入りの瞬間に水平線（地平線）に緑色だけが見えるグリーンフラッシュ（緑閃光《みどりせんこう》）という不思議な現象が見られることがあります（写真2）。青色でなく緑色が見えるのは、青っぽい色は途中の大気により散乱されて失われ、やってこないからです（118ページ）。オレンジ色の夕日が水平線に消える瞬間、突然現れる緑色の輝きを見れば、だれしも驚くでしょう。ただし、この現象は簡単に見られるものではありません。沖縄や日本海側など、西側に海が見える場所で、夕日がまぶしいまましずむときが観察のチャンスです。条件がそろえば山から見えることもあります。また、あらかじめ日の出の方角を調べておけば、太陽が出る瞬間に気がつくこともあります。

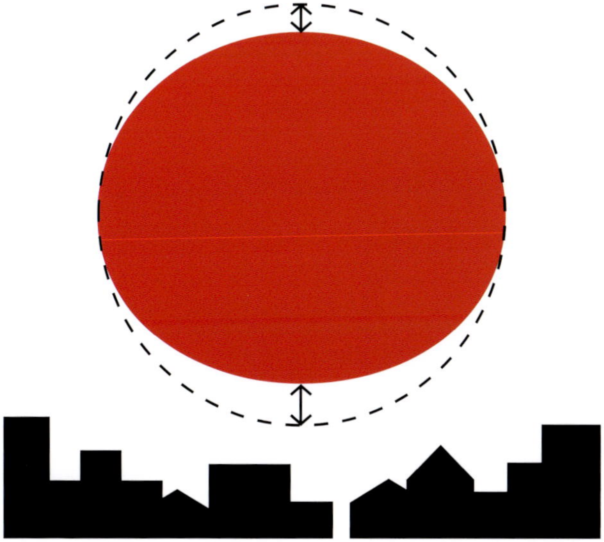

図１　大気差で平たく見える夕日
地平線近くの太陽を見るとき、大気の密度は下の方が高いことから光が上を凸にして曲がります。この効果は地平線により近い角度の方が強く起きるので、地平線付近の太陽は平たく見えるのです。

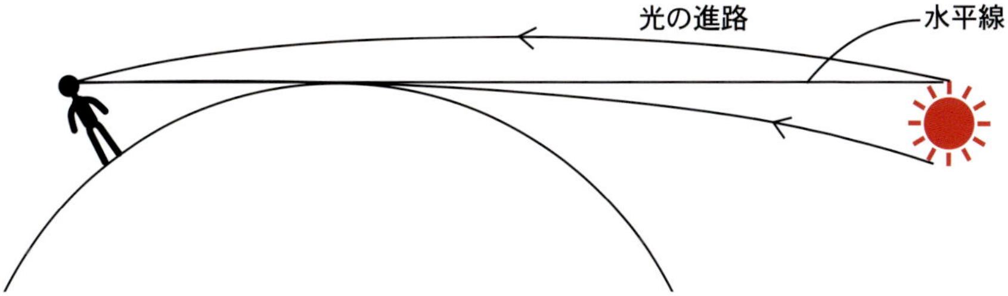

図２　大気差で水平線下の太陽が見える
大気の上下方向の密度差で光が上に曲げられるので、大気がないときには地平線下になる太陽の光が見えます。

□ 写真1

つぶれた赤い月

地平線上に赤い不気味な月を見ることがあります。よく見ると、月の形は大気差によってつぶれていて、大気の散乱で青色などを失っています。この写真は満月の翌日の十六夜のときのものです。
（2月　千葉県柏市）

□ 写真2

グリーンフラッシュ

水平線や地平線上で、太陽が点状になった瞬間、緑色に見えることがあります。この写真は地平線付近の雲から太陽が出る瞬間で、光点が一瞬緑色になりました。肉眼で見た方がよくわかります。　（8月　富士山８合目）

コラム 光と屈折

風呂の湯の中に入れた手足が短く感じたことはありませんか。これは光が、空気と水の境界で曲がるせいです。このように光が曲がることを屈折《くっせつ》といいます。たとえば水の中へ、斜め上方から入射した光は、下側へ「引っぱられる」ようにして曲がります。

同じ空気の中を光が進むときでも、空気の密度が変わるところで屈折が起こります。標高による気圧のちがいで空気の密度が変わる場合、あるいは気温が地表近くとその上とでちがうために空気の密度にもちがいが生じる場合などに、光が曲がります。この場合も、空気の密度の高い側に引っぱられるように光が曲がります。低空の天体が実際の位置より浮き上がって見える大気差や、蜃気楼現象が見られるのはこのためです。

光が屈折するときに曲がる角度は、光の色によっても少しちがいます。プリズムで光が七色に分かれるのは、この光の色による屈折のちがいのせいです。青っぽい色は赤っぽい色より、光の波の間隔（これを波長といいます）が小さいために曲がりやすくなります。虹が七色に見えるのも、屈折による色分かれのためです。

このように色分かれするのは、色が分かれる前の白っぽい太陽の光の中に、じつはその七色の光（波長がちがう光）が含まれているからです。白い光は七色の光が混じってできているのです。もともとの太陽の光にいろいろな色が含まれているから、夕焼けが赤く染まったり、空が青く見えるなど、色のつく現象が起きるのです。また、私たちの目が、何かを見て赤いと感じたり、青いと感じたりするのは、その物体が、赤や青の光を多くはね返し、それが目に入るからです。

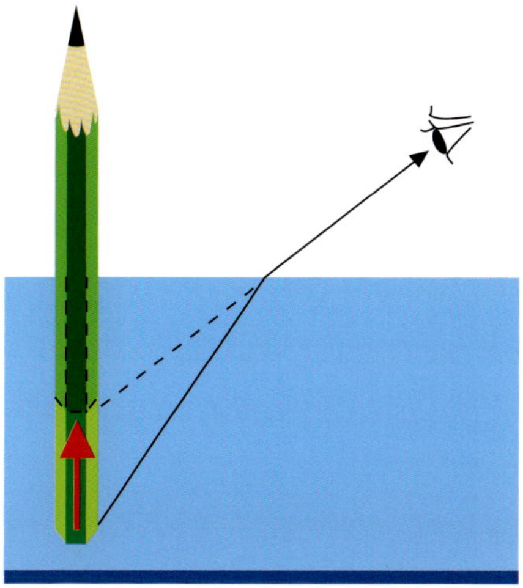

図　水による屈折の例
水面で光が曲がるので、水の中に入れたものは短く見えます。水と空気のように密度のちがう物質の境界では、このように光が屈折します。

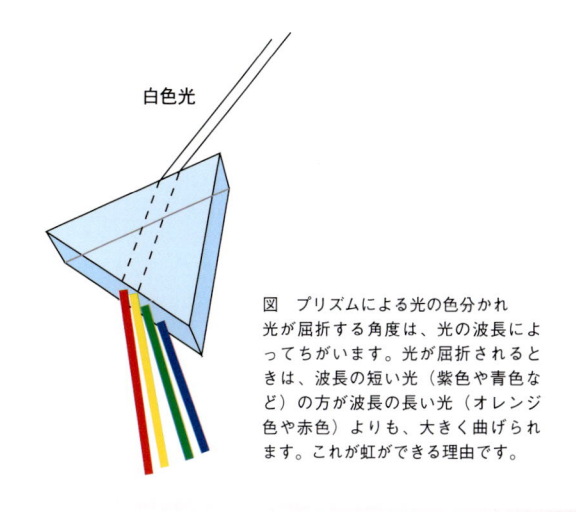

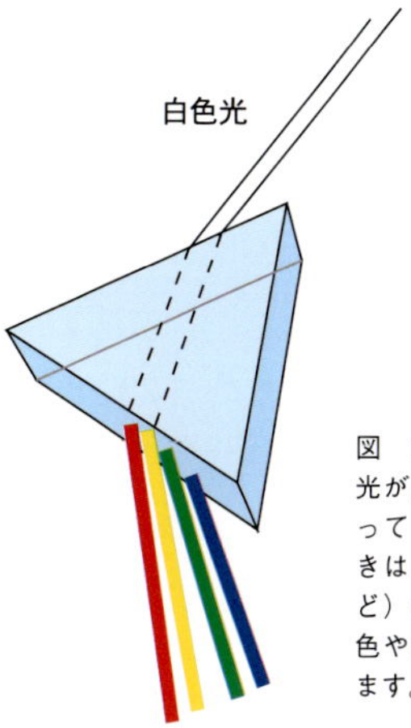

図　プリズムによる光の色分かれ
光が屈折する角度は、光の波長によってちがいます。光が屈折されるときは、波長の短い光（紫色や青色など）の方が波長の長い光（オレンジ色や赤色）よりも、大きく曲げられます。これが虹ができる理由です。

4-3

雲の間からの幻想的な光
光芒

「天使の梯子」と呼ばれる光

太陽光線が雲間から地表に射し込む光景は、とても幻想的です（写真 1)。こうした光景をヨーロッパでは「天使の梯子《はしご》」と呼んでいます。また、光が雲から大きく放射状に広がって見える場合もあり（写真 2)、これらを光芒といいます。光芒《こうぼう》は、雲の輪郭がはっきりしていて、少し空にもやがあるときにきれいに見えます。

この光芒のもとは、はるかかなたからやってくる太陽光線ですから、一本一本の光のすじはそれぞれ平行のはずです。しかし、私たちには放射状に拡がって見えてしまいます。これは、2 本の線路が遠くで 1 点に交わるように見えるのと同じ、遠近法の効果です。

地平線下の太陽の光がつくる光芒

不思議なことに、まだ太陽が昇らないうちでも、朝日による光芒が雲の下に当たることがあります（写真 3)。これは地球が丸いからこそ起こる現象で、地球が平らだと考えると説明できません。夕日の場合にも見られ、ほんの数分間だけの興味深い光景です。

□ 写真1

降る光芒

夕日が雲間から漏れ、地表に向かっていくつもの光のすじが見られました。もやの多い日本では、このような美しい光芒があちこちで見られます。天使の梯子ともいいます。(10月　茨城県大子町)

□ 写真2

放射状の光芒

太陽の位置によって光芒の見え方は変わります。太陽光線は平行ですが、人間の目では光芒が放射状に広がって見えるときがあります。（12月　沖縄県読谷村）

□ 写真3

日の出前の光芒

地球は丸いので、日の出前に雲の下に太陽光線が射し込むことがあります。暗い青い雲に、赤い光のすじがあざやかでした。夕日でも同様な現象が見られます。
（11月　茨城県日立市）

4-4

空に映る影　地球影と二重富士

空に映る地球の影

人や木、建物がつくる影を見るのと同じように、大きな地球の影を観察することができます。空が澄んでいるとき、日の出直前や日の入り直後に、太陽と反対の空に地球の影が映るのです（写真 1）。明るいピンク色の空は太陽光が当たっていて、その下の青く暗い部分が地球の影で、これを地《ち》球《きゅう》影《えい》（アースシャドウ）といいます（図 1）。空気の澄んだ季節や場所で、日の出5～10 分程度前か、日の入り 5～10 分程度後によく見られます。日の出前に西の空に見えるこの境界がじょじょに下がっていくと、東の地平線から太陽が昇ります。夕方はそれとは逆に、東の空を地球影がおおっていき、やがて夜になるのです。地球影を観察すると、夜空は地球の影になっていることが実感できるでしょう。

飛行機からはさらにあざやかに、この地球影を見ることができます。地平線下にしずんだ太陽光線によって、その横に地球影がくさび形に伸びる珍しい現象が見られることもあります（写真 2）。

空のスクリーンに映る山の影

同じような現象で、山に登ったとき、自分がいるその山の影を遠くに見ることがあります。日の出直後や日の入り直前の山の上から、はるか遠くの霧やもやに、自分がいる山の影が映るのです（写真 3）。これを山《さん》影《えい》といいます。山の形が丸くても、遠くの霧に映る山頂部分はごく小さく見えるので、遠近法の効果で影の形は三角形になります。

また、富士山が不思議な影をつくりだすことがあります（写真 4）。夕日と富士山と観測者の 3 つが一直線に並ぶとき、富士山の影が上空の雲やもやに映って、富士山の上に重なるようにして影が浮かんで見えることがあるのです。これは二重富士という非常に珍しい現象です。たとえば、富士山から 120 km 程度離れた千葉県北西部では、冬の風が強い日にこの影を見ることができます。しかし、その影が見えた位置から南北に 1 km ほどずれただけで、この影は斜めに伸びて形をくずしてしまいます。この富士山の影は、太陽が下がるとともにやがて空を渡り、反対の地平線にまで伸びていきます。この写真を撮影するときは、富士山の後ろに太陽がかくれる場所を、あらかじめコンピュータの山岳展望ソフトなどを用いてシミュレーションして、撮影ポイントを決めるとよいでしょう。富士山の近くでもまれに見られます。

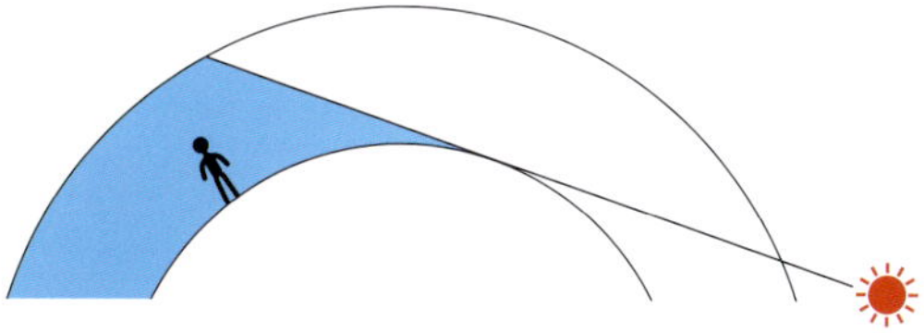

図1　地球影
水平線のちょうど下にある太陽が、水平線の影を空に映し出すのが地球影です。太陽が高くなると、影の境界は下へ、低くなると境界は上へ移動します。大気がスクリーンになって影を映しています。

□ **写真1**

地球影

太陽がしずんだあと、反対側の東空は美しいピンク色に染まっていました。高い空にはまだ太陽光線が当たっているのです。下側は暗い青色で、この部分が地球影です。影がゆっくり上がって夜になります。　　（12月　北海道摩周湖）

□ 写真2

飛行機からみた地球の影

高度約 10000 m の機上からの日没後、その右側にくさび状に細長く地球の影が伸びていました。珍しい光景で、地球が球体であることがわかります。

（12月　太平洋上空）

□ 写真3

山影

3000 m の山頂で日の出を見た直後、反対の空を見ると、山の影がとがって遠くまで伸びていました。遠近法の効果でこのように見えるのですが、雄大で不思議な光景です。

（8月　ハワイ・マウイ島）

□ 写真4

二重富士

富士山の背後に太陽がしずんだとき、その上に富士山の影が見える現象です。手前の空の薄い雲やもやに影が映ったものです。見られる場所と天気が非常に限定される珍しい現象です。　（1月　千葉県松戸市）

4-5

空に舞う氷が光を反射する 映日・太陽柱

飛行機を追ってくるあやしい光？

飛行機から雲海を見下ろしたときに、雲によって太陽の光が反射されるのを見ることがあります。雲をつくる平たい氷晶の上面が太陽光を反射する現象で、映《えい》日《じつ》(サブサン)といいます (写真 1)。飛行機のすぐ下に明るい光点が見えて、飛行機とともに動いてくるように見えます。かなり明るく見えることがあり、理由がわからないとＵＦＯだと思ってしまうこともあるでしょう。原因の雲がなくなると突然消えるので、なおさらミステリアスに思われるかもしれません。氷晶でできた雲が飛行機のすぐ下にあり、太陽がやや上から当たるとき、太陽側に座った窓の下に見えますが、これだけの条件がそろうことはめったにありません (図 1)。

冷たい空気が太陽柱をつくる

これと原理的には同じ現象を、地上から見たのが太《たい》陽柱《ようちゅう》(サンピラー) です。大気中に浮かぶ平たい氷晶や雪の結晶によって、太陽の上や下に光の柱が見える現象です (図 2)。平たい結晶が横を向いて落ちるとき、その上面と下面で太陽光を反射して、光の柱が見られるのです。月明かりでは月柱《げっちゅう》(ムーンピラー) といい、街灯や漁り火によるものを含めて、これらの総称として光柱《こうちゅう》(ライトピラー) ともいいます。街灯や漁り火は、太陽や月よりも光源が近いため、光柱が空高く見える傾向にあります (写真 2)。

－15℃前後のとき、雪の結晶は大きく樹枝状に平たく成長するので、近くの空にそのような領域があるとよりきれいに見られます。北海道などの寒い地方では、低空でもこの条件が満たされるので、近くて大きな太陽柱が見られます (写真 3)。本州では、この条件が満たされるのはある程度以上の上空に限られるので、本州の低地で見える太陽柱は、たいてい遠くて短い傾向にあります。

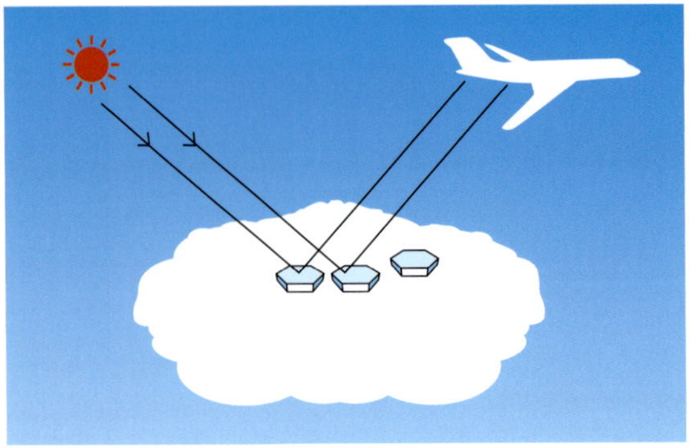

図 1　映日
六角板状の氷晶でできた雲の中に光が見える現象です。面を上下にして浮かんでいる板状の氷晶が、太陽の光を反射することで起こります。反射光ですから、海面に映る光などと同じように、観測者の動きについてきます。

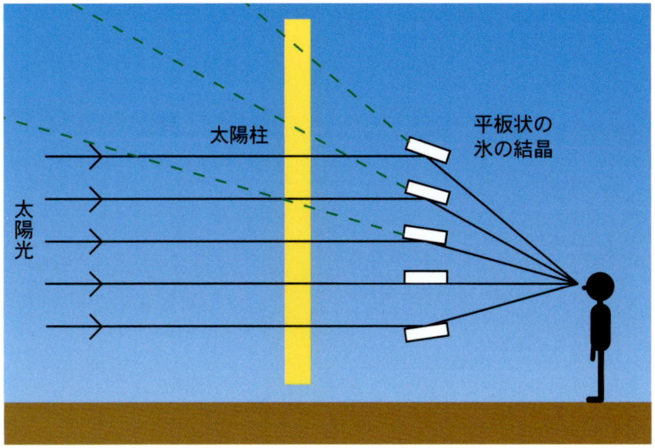

図2　太陽柱
映日と同じように、板状の氷晶で太陽の光が反射して起きる現象です。寒い地方では氷晶はそれほど高くない空にもできることがあるので、大きく見える傾向があります。

□ 写真1

映日（サブサン）

飛行機から雲海を見ると、そこに太陽の反射によるまぶしい光点が見えました。飛行機といっしょに動くので驚きます。雲が板状の氷の粒からできているという、特殊な条件のときに見られます。　　（4月　東北地方上空）

□ 写真2

光柱（ライトピラー）

雲の下に突然、光の柱が見えました。平たい雪の結晶が舞いはじめ、街灯などを反射させたものと思われます。寒冷地やスキー場などでは夜間にときどき見られますが、茨城県では珍しい現象です。　　（2月　茨城県大子町）

□ 写真3

太陽柱 (サンピラー)

寒冷地では太陽の上や下に光のすじが見られることがあり、この写真のように両方に見られることもあります。空には平たい雪の結晶が広い面を上下にして降っていて、そこに太陽光が反射しています。　(12月　北海道別海町)

虹のアーチ
大きな虹のアーチを広角レンズで撮影しました。虹の内側が明るいことがわかります。(千葉県印西市　5月)

第5章 大気がつくる色

5-1

空の色はなぜ青いのか

空気の分子が青い光を散乱させる

空の色はなぜ青いのでしょうか。それは太陽の光が空気の分子で散乱されることで起こります。

光が小さな粒子（ちりや雲粒、空気の分子など）にぶつかって、いろいろな方向にはね返ることを、光の散乱といいます。中でも空気の分子のようなごく小さい粒子による散乱をレイリー散乱といいます。レイリー散乱では、太陽光線のうち波長の短い光（紫・藍・青色など）ほど大きく散乱され、いろいろな方向に光が飛び散ります。このため、空のあちこちから青い色の光がやってくるので、空は青く見えるのです。

空気がつくりだすいろいろな青

同じ理由で、遠くの景色は近くの景色に比べて青っぽく見えます（写真1）。これは、途中にある空気によって青い光が散乱しているからです。空全体で空の青さを比べると、太陽から直角方向の空が、より青みが強くなります（写真2）。太陽の近くやその反対側、地平線付近ではやや白っぽく見えます。

飛行機で高さ10〜13 km程度まで上ると、空気の密度が地表付近の5分の1程度しかなく、空気分子の数が少ないため、太陽光の散乱は弱くなります。散乱光が少ないせいで、上の方は宇宙の暗さに近づいて空の色が暗く、青みがとても深くなります（写真3）。また、この高さでは、朝焼けや夕焼けがとてもあざやかな色の輝きとなって見られます（写真4）。

海の青と空の青はまったくちがう

ところで、海の青さと空の青さはどのようにちがうか、知っていますか？　深さ数m〜十数mあたりの海の中は、青一色の世界が広がっています（写真5）。水は波長の長い光（赤・オレンジ・黄色など）ほど吸収する性質があるため、残って進む光は波長の短い青っぽい色になります。同じ青でも、光の散乱によって出る空の青には、赤や黄色などの光もかなり混じっていますが、光の吸収によって生まれる海の中の青には青以外の光がほとんどなく、黄色い魚も赤い魚も灰色に見えるほどです。海の中は色彩の少ない世界で、赤や黄色も混じった青空の青とはかなりちがうのです。海の青さを体験するにはダイビングをするのがいちばんですが、半潜水式の船から海中を見るのもおもしろいでしょう。海辺の丘や橋からも、海の深さによる青みのちがいを見ることができます。

□ **写真1**

峡谷の青空

空気が太陽光の青い成分を多く散乱していることを示す写真です。峡谷内のわずかな距離でも遠くの森が青っぽくなっていることがわかります。こうして空気は空を青くしています。　（8月　富山県黒部峡谷）

□ **写真2**

全天の青空

空の青さを比較するために空全体を撮影しました。太陽の近くとその反対の空、そして地平線付近はやや白っぽくなっていて、太陽から見かけの角度で 90 度程度離れた空高い部分がもっとも濃い青色になっています。（12月　千葉県野田市）

□ 写真3

成層圏の青空

沖縄方面や外国へ飛ぶジェット機は高度 10000～12000 m 付近、対流圏と成層圏の境界（圏界面）に近いところを飛ぶので、上に成層圏の空が見えます。そこには濃い青色から紺色の空が広がっています。

（11月　太平洋上空）

□ 写真4

成層圏の夕暮れ

成層圏は雲がなくちりも少ないために、夕暮れの色は地表付近とちがってたいへんあざやかです。地平線近くを通った光は濃い大気により散乱を強く受けますが、そのすぐ上は大気が薄いのでほとんど散乱の影響を受けません。このため成層圏の夕焼けは色の変化が大きくなります。

（12月　太平洋上空）

□ 写真5

海中の色

水は波長の長い赤色から黄色などを吸収する性質があるので、残った青色が海中に見られます。水深数mでも青みがかった不思議な世界が広がります。

（10月　沖縄県）

5-2

朝日や夕日を科学的に見てみよう

夜はどのように朝になるか

朝日や夕日がもたらす現象には、地球の丸さや自転のようす、大気の性質など、地球をとりまく科学がさまざまな形で現れます。また、見え方も季節や場所、天候によってまったくちがいます。

日の出前、太陽が地平線下18度（日の出約90分前）付近にあるときの薄明を天文薄明《てんもんはくめい》といいます。暗い夜空にほのかに当たる太陽光線の強さが、星の光と同じくらいになって天文観測に影響を与えるということでこう呼ばれています（写真1）。そして、空が澄んでいるときには、日の出の40分くらい前になって、東の地平線上に赤色やオレンジ色の美しい輝きが出現し、上空は青色や紫色に染まりはじめます（写真2）。日の出の15〜20分くらい前になると上層雲にも太陽光が当たり、あざやかなオレンジ色に染まります（写真3）。

朝焼けや夕焼けが赤い理由

朝焼けや夕焼けが赤いのは、おもにレイリー散乱（118ページ）のためです。レイリー散乱では波長の短い光（紫・藍・青色など）ほど強く散乱されます。波長の長い光（赤・オレンジ・黄色など）はあまり散乱されずに、大気中をまっすぐ進みます。朝日や夕日のときは、太陽の光は斜めに大気を通るために、通過する空気の層が厚くなり、この散乱の度合いが強く、青い光はほとんど散乱されて失われます（図1）。すると残った赤っぽい光だけがまっすぐやってくることになるので、朝日や夕日、それによる朝焼けや夕焼けが赤く見えるのです。

標高が高い方が日の出は早い

地平線付近の雲が赤くまぶしく染まると、いよいよ日の出です（写真4）。この日の出の方向は、季節によって大きくちがいます。冬は東南東、夏は東北東からと、日本付近では最大約60度も出る方向が変わり、さらに高緯度ほどその差は大きくなります（140ページ、コラム「夏至・冬至」）。また日の出の時刻も、場所によってちがいます。西側より東側の方が日の出が早いのは当たり前ですが、見逃せないのが標高です（図2）。地球は丸いので、標高の高いところの方が日の出は早いのです。

たとえば、初日の出の場合、四島（北海道、本州、四国、九州）でいちばん早いのは富士山頂で、平地なら千葉県犬吠埼《いぬぼうさき》です。簡単に行ける高所としては、房《ぼう》総《そう》半島の清澄《きよすみ》山は標高が377 m あり、この山頂では犬吠埼よりも早く昇ります。北海道の根室《ねむろ》半島の納沙《のさっ》布《ぷ》岬は犬吠埼より東側にありますが、初日の出の場合、高緯度の場所は日の出が遅くなります。逆に夏至近くの日の出は、犬吠埼や富士山頂よりも、納沙布岬の方がずっと早くなります。

朝日や夕日の形を見てみよう

水平線に昇る朝日やしずむ夕日を観察するには、海のかなた100～300 km 程度先まで雲がない状態が必要なので、なかなか見るチャンスに恵まれません。大きな移動性高気圧におおわれる日がねらい目で、気象衛星の画像をよく見て判断することも必要です。水平線から昇る朝日は、まず小さな光点が現れます（写真5）。そして、浮島現象（100ページ）のために太陽に足がついたような形になって海から離れ（写真6）、その後はしばらく扁平《へんぺい》な形をしています。

朝日と夕日の色のちがい

朝日の方が夕日よりも輝きが強いことが多いのですが、これはふつう朝の方が、気温が低く風が弱いことと人間の活動の影響も少ないため、空気の汚れや空中の水滴が少ないせいです。そのため夕方の方が散乱も強くて光が弱くなり、朝日は黄色やオレンジ色を、夕日はオレンジ色や赤色を強く感じる傾向にあります（写真7～8）。

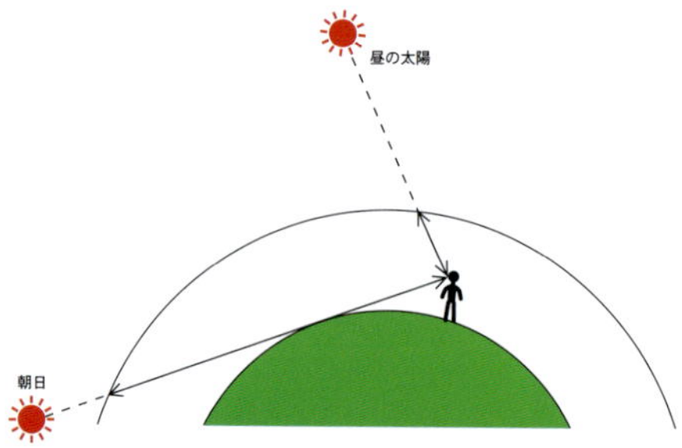

図1　朝日・夕日が赤い理由
朝日や夕日は水平線近くにあるため、太陽光が通り抜ける大気が厚くなります。このため昼間よりもより多く、大気による散乱の影響を受けます。その結果、波長の短い光（紫や青など）を昼間より多く失い、赤い光の割合が多くなるのです。

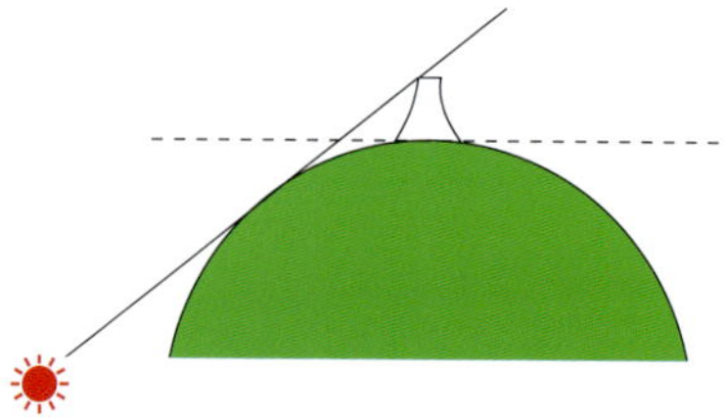

図2　標高と日の出
地球は丸いので、水平線から昇る朝日は先に標高の高いところを照らし、だんだんと低いところにも光が当たるようになります。

□ 写真1

夜明け

夜明けが近づくと東の地平線上が白んできて、小さな星の輝きがだんだんと消えていきます。夏の日本では北の地方ほど薄明の開始時刻が早いです。右端は灯台の光です。

（8月　千葉県銚子市）

□ 写真2

薄明色

太陽が昇る 40 分くらい前には地平線付近が赤くなり、その上にオレンジ色や黄色、そして青色や紫色などさまざまな色が現れます。空がもっとも美しいときです。たいてい夕方よりも朝の方が空気が澄んでいるので、薄明色がきれいです。

（3月　栃木県日光霧降高原）

□ 写真3

朝焼け

太陽が昇る十数分前になると、上層雲に太陽光が当たりはじめ、ピンク色にあざやかに色づきます。3000 m の高さの山から見ると上層雲も近いので、平地で見るより美しく見えます。

（8月　北アルプス）

□ 写真4

日の出

3000 m の山から見た日の出です。この瞬間を見ると、山に登る苦労や寒さを忘れてしまいます。朝は谷に雲が広がりやすく、下層の雲の上から太陽が出ることが多いです。

（8月　北アルプス）

□ 写真5

海からあらわれる太陽

水平線から昇る太陽を見ることはなかなかありません。雲やもやがあることが多いからです。この写真では浮島現象のように、太陽の出始めの光点が水平線から浮き上がっています。　（12月　鹿児島県与論島）

□ 写真6

足のついた太陽

海から昇る太陽の形は、上下方向につぶれるだけでなく、水平線近くで海に映って、足がはえたような形になることがよくあります。季節や場所によってこの形状が微妙に異なります。
（12月　鹿児島県与論島）

□ 写真7・写真8

朝日と夕日

朝日（上）と夕日（下）は、太陽高度が同じであっても、太陽の輝きや色、そしてまわりの空にちがいを感じます。この２つの写真は近くの川の土手で撮ったもので、どちらもこの先に平野が広がっています。

（千葉県柏市・野田市）

5-3

虹はいつ、どこにできるのか

虹ができるしくみ

虹は見ようと思ってもなかなか見られませんが、思いがけず美しい虹に出会うと感動します（写真 1）。しかし、虹が出るのには理由がありますから、それを理解すれば、どんな天気のときに虹が出るかわかり、また虹の出方を見て、そのあとの天気変化の手がかりを得ることもできます。

虹は太陽光が水滴の中で屈折・反射することによって見えます（写真 2〜3、図 1）。太陽を背にして朝露を観察すると、水滴の端がキラッと明るく輝き、少し目を動かすと七色の光を順に見ることができます。水滴がたくさんあるときは、こうした輝きが円形に並んで見えることもあります。これは空中に見える虹と同じ現象です。

太陽の位置と虹ができる角度

ふつうよく見る虹（主虹《しゅにじ》）は、太陽に対して 180 度反対の点（対日点《たいじつてん》＝自分の頭の影が映る場所）を中心に、約 41 度の角度にあたる円形の部分で、雨が降っているところに見られます。ですから、太陽高度がこの角度より高かったら、虹の位置は地平線の下になってしまうので、雨が降って太陽が出ていても、平地では虹は見られないということになります。そのため、夏は虹が見られるのは朝か夕方にかぎられますが、冬なら太陽高度があまり高くならないので、昼間でも虹が見られることがあります。夏の虹は夕立のあとということが多いでしょう。夕立が過ぎ去り、西の空から夕日が射して、東の空に大きなアーチ状の虹を見るという場合です。もし、朝に西の空に虹が見えたら、雲は西からやってくることが多いので、そのあと雨となることが予想されます。

虹の位置を知りたいときは、太陽と反対の方向に腕を伸ばし、そこから握りこぶしを 4 つ重ねていけば（握りこぶし 1 つの幅が、見かけの角度で約 10 度となります）、そこがだいたい虹が見られる角度になります。その方向に雨が降っていれば虹が見られる可能性があります。公園の噴水や水道の水しぶきでも虹は見られるので、試してみるといいでしょう。

二重に見える虹、副虹

主虹の外側へ約 10 度離れた方向に、もう一つの虹（副虹《ふくにじ》）が見えることがあります（写真 4）。主虹は太陽光線が水滴内で 1 回反射したものを見ているのですが、副虹は２回反射した光です。ですから色が淡く、色の配列が主虹とは逆になっています。大粒の雨で主虹が濃いときは、副虹も見えやすくなります。またよく見ると、主虹と副虹の間には反射光がないので、その両側の空間よりも暗く見えることがあります。

過剰虹、株虹など珍しい虹

主虹の内側にくっついて、小さな虹が見えることがあります（写真5）。これを過剰虹《かじょうにじ》（余り虹）といいます。いくつも重なってみえることがあり、これは光《こう》環《かん》、彩雲《さいうん》（142ページ）やブロッケンの虹（145ページ）と同じように、光の回折《かいせつ》・干渉《かんしょう》によってできるもので、明るい虹のときに見られます。

一方、雨粒が小さい霧雨の中に見える虹は、色が重なって白っぽく見える白虹《はっこう》となります。霧の中に見える場合は、完全に白い虹となり、これを霧虹《きりにじ》といいます（写真6）。これは、水滴が小さいので光が回折し、色が重なったためです（虹の七色の光が重なると白っぽい光になります）。

雲に見える虹は雲虹《くもにじ》といい、飛行機や高い山から見えることがあります（写真7）。雲海上に斜めに見える雲虹は、円というよりもだ円や放物線の形に感じます。

変わった虹としては株虹《かぶにじ》や時雨虹《しぐれにじ》というのがあります。虹が現れる角度の延長線上で、遠くに部分的に雨が降っているとき、水平線（地平線）の上に小さく見える虹です（写真8）。

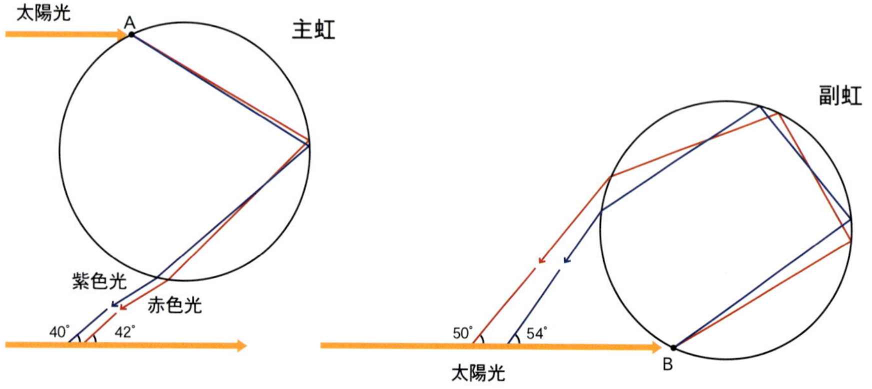

図1　虹が見える理由
虹は水滴の中で太陽の光が屈折・反射することで見えます。屈折の角度は光の色によって少しちがうので、虹は色分かれして見えます。水滴の中を1回反射して見えるのが主虹、2回反射するのが副虹です。

□ 写真1

虹

虹の州であるハワイで撮影した写真です。ハワイに比べれば、日本は太陽光が弱いので虹も色あざやかではありません。貿易風によるにわか雨にまぶしい太陽光が当たり、赤から紫まで色がよくわかります。
（8月　ハワイ・マウイ島）

□ 写真2

水滴の輝き

葉の朝露に太陽光が当たり、水滴内部で反射・屈折した光が見られました。太陽は左側から当たり、右側にまぶしい光点が見られます。視点を変えると光点は赤色から紫色の輝きになります。これが虹の正体です。　（1月　千葉県柏市）

□ 写真3

水滴の虹

太陽が当った水滴の内部から反射して出る輝きを、ピントをずらして撮影すると、水滴内に虹があるように写りました。青色の外側が明るく赤色の側が暗いのは、空に見える虹も同様です。　（10月　千葉県柏市）

□ 写真4

主虹と副虹

ふつうの虹（主虹）の外側にもう１本の虹（副虹）が見えることがあります。副虹は主虹より幅が広く淡いのがふつうですが、この写真では主虹と同様の明るさです。副虹は水滴内で２回反射した光によって起こるので、主虹と色の順が反対です。（５月　千葉県印西市）

□ 写真5

過剰虹

主虹の内側をよく見ると、小さな虹がいくつもくっついているように見えます。これを過剰虹といいます。光が水滴を回り込んで曲がる性質（回折）があるためこのように見えます。

（5月　千葉県印西市）

□ 写真6

白虹（霧虹）

早朝の森の中、朝日に当たった霧が晴れようとしているとき、目の前の霧に、幅の広い白虹（霧虹）が見られました。とても幻想的でしたが、霧はすぐに消えてしまいました。　（7月　山梨市）

□ 写真7

白虹（雲虹）

飛行機から見下ろす雲や、高い山のまぢかにある雲に白虹が見られることがあります。雲の粒は小さいので、光が雲粒によって曲がる回折が起こるので、虹の七色が混じり合い白っぽくなります。　（12月　沖縄県上空）

□ 写真8

時雨虹

遠くの海上に時雨が降っているとき、太陽光が当たってその部分にだけ小さな美しい虹が見られました。
本格的な冬になって、降るのが雨ではなく雪になると見られなくなります。　　（1月　富山県朝日町）

5-4

六角形の氷晶がつくる暈

氷晶の中で屈折する光

太陽や月のまわりに暈《かさ》ができることがあります。これは大気に浮かぶ氷晶によって、光が反射や屈折されることで見えるものです（図 1)。空気が澄んでいて、氷晶が集まった雲などがあるときに見られます。一言で暈といっても、上空の氷晶の形がどのようになっているのか、向きや大きさがきれいにそろっているかという条件によって、見える方向や、色のつき方が変わります。

日暈と月暈のでき方

上層に薄い雲（巻層雲や巻雲など）があるとき、太陽から見かけの角度で 22 度離れた場所に見られる暈を、内暈《うちかさ》または日暈《ひがさ》（「にちうん」とも読む）といいます（写真 1、図 2)。たんに暈がかかっているというときは、この内暈のことが多いです。少し色がついていることがあるので、虹と思う人もいますが、水滴ではなく氷の粒によって起こるものなので、虹の仲間ではありません。

上層雲をつくる氷は、小さな結晶（氷晶）となっていて、多くは六角形の柱状または板状をしています。柱状のものは鉛筆を短く切ったような六角柱状の形で、さまざまな方向に横を向いて浮いています。そこに射し込んだ太陽光線が側面から入って別の側面へ抜けると、光の多くは約 22 度の角度で屈折します。これが太陽のまわりに円形に見える内暈です。これは月の光でも同様に見られ、月暈《つきがさ》といいます（写真 2)。

太陽の左右に現れる輝き　幻日

もし、氷晶が柱状ではなく、厚みのある板状をしていれば、氷晶は面を上下にした状態で浮かびます。このとき、側面から入った太陽の光が屈折して別の側面から出て、幻日《げんじつ》という輝きが見えることがあります（写真 3)。太陽から内暈とほぼ同じ 22 度（太陽高度が上がると内暈から離れて 22 度よりも大きくなる）の角度で、太陽と同じ高さの左右（あるいはどちらかに）の位置にだけ見られます。白っぽい輝きの中に、赤・黄・青色などの色がついて見えることもあります。月明かりによって起こるときは、幻月《げんげつ》と呼ばれます。しかし、幻月は非常に淡いので、よほど注意して見ないと気がつきません（写真 4)。

さらに、六角板状の氷晶の側面が太陽光を反射すると、太陽と同じ高度で空を取り巻く光の環ができることがあり、これを幻日環《げんじつかん》といいます（写真5)。側面で反射しているので色分かれはなく、太陽と同じ色の光のすじが空を走るように見えます。太陽が低い位置にあるときは低空に大きく、太陽が高いときは天頂を中心に小さく見えます。暈があるときは、写真のように、暈と交差した光の環になります。

さまざまな屈折がつくる七色の光

太陽から見かけの角度で約22度離れたところに見える暈や幻日は、光が六角形の氷晶の側面から入って側面へ抜けるように通過した場合に見えます。しかし、厚みのある六角板状の氷晶の上面から入った太陽光線が、側面に抜ける（または逆に側面から入って底面に抜ける）場合は、太陽から46度の角度に屈折して、空にあざやかな虹色の輝きが見られます。太陽高度が32度以下のときは、上面から入って側面から出て見える環天頂《かんてんちょう》アーク（天頂環《てんちょうかん》、天頂弧《てんちょうこ》）になって、天頂の近くに弓形に虹色のラインが見られます（写真6)。太陽高度が58度以上のときは、光が側面から入って底面へ抜けて見える環水平《かんすいへい》アーク（水平環《すいへいかん》）と呼ばれるものになり、太陽の下方に横に伸びた虹色のあざやかなラインが見られます（写真7)。それぞれ、不思議な虹が出ていると話題になることがあります。環天頂アークを「逆さ虹」という人もいますが、虹の仲間ではありません。

また、内暈の上部に外接して光のラインが見えることがあり、これをタンジェントアーク（上端接弧《じょうたんせっこ》）といいます（写真8〜9)。この現象はめったに起こらず、太陽高度が低いとVの字形になるなど、太陽高度によって形状が変化します。この他にも、雲の氷晶には複雑な光の出入りが考えられ、さまざまな暈の現象が存在します。とくに極地など寒冷地で、よりきれいなものが見られます。

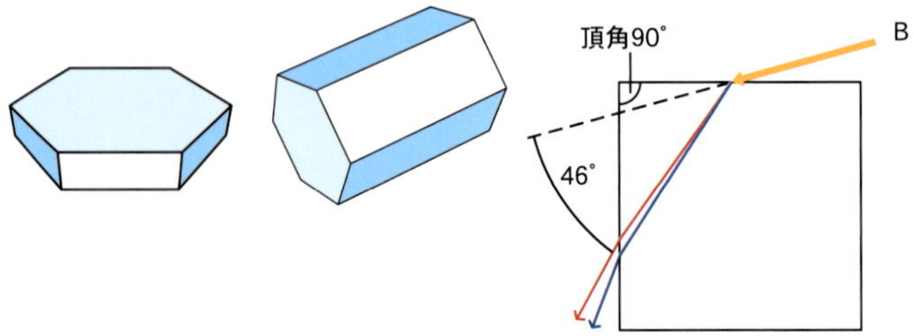

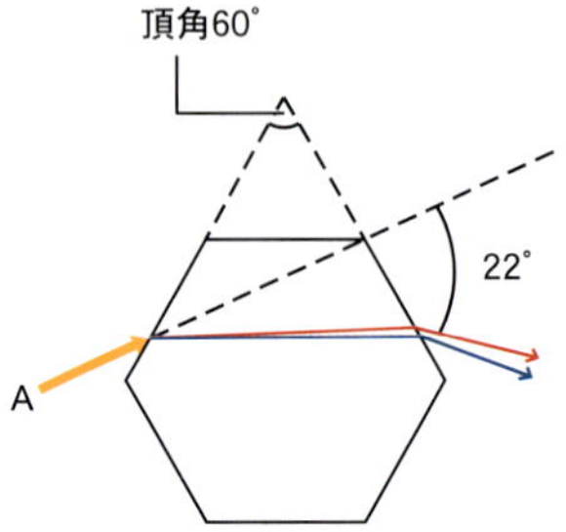

図1　暈と氷晶
氷晶の中を光が屈折することで見えるのが暈です。氷晶は正六角形の板状か、または柱状になっています。板状の場合は面を上下にして、柱状の場合は横に寝た形で空中をただよいます。ここにAの方向から光が入ると22度の暈が、Bの方向から光が入ると46度の暈が見えます。このように、形状も空中での姿勢も屈折する角度もほぼ決まっているので、暈もほぼ決まった位置に見えるのです。

□ 写真1

日暈（内暈）

太陽から22度の角度にできた光の輪で、日暈や内暈といいます。低気圧が接近するときできやすく、この巻層雲が厚くなると翌日は雨の可能性があります。暈とは大気中の氷晶による屈折・反射の現象の総称です。
（6月　千葉県柏市）

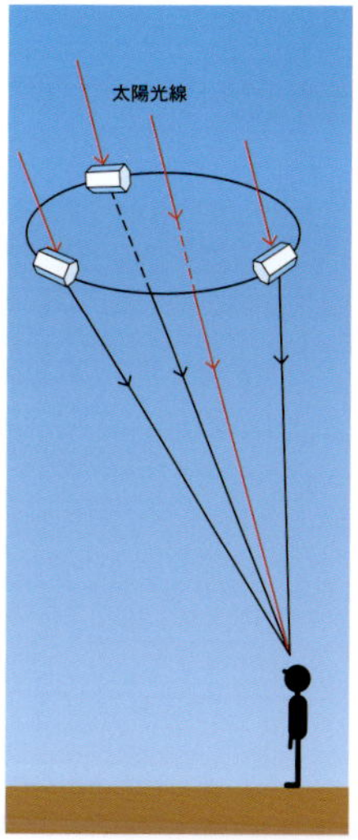

図2　日暈の見え方
日暈は横になって空中をただよう柱状の氷晶によって、光が22度に屈折することで見えます。

□ 写真2

月暈

太陽と同じように、月でも暈の現象が見られます。この月暈の内側部分はやや赤く、外側にぼんやりと明るい部分があります。雲をつくる氷晶の側面から入った月光が屈折し、暈の位置に光が集められるので、明るく見えるのです。
（3月　静岡県本川根町）

□ 写真3

幻日

太陽の右側少し離れた位置で、巻雲が明るく斑点状に輝き、その太陽側はやや赤くなっています。雲をつくる平たい氷晶の側面から入った太陽光が屈折したものです。太陽の左右両方に明るく輝くこともあります。

（4月　千葉市）

□ 写真4

幻月

暈や大気差など、空の光の現象は月光でも多くが見られます。しかし月光は満月でも太陽光とは明るさが 100 万倍もちがうので、弱い幻月はとても淡く、見つけづらいです。街なかでかろうじて発見し、写真に撮りました。

（4月　千葉県柏市）

□ 写真5

幻日環

太陽の中心を通って天頂を中心に円形に輝く光を、幻日環といいます。雲をつくる板状の氷晶の側面で反射するので、太陽と同じ色です。写真の右側は日暈、左側に淡く円形の幻日環が写っています。　（8月　千葉県柏市）

□ 写真6

環天頂アーク(天頂環)

太陽高度が低いとき、空高い巻雲にきれいな虹色の弧状の輝きが見られました。天頂を中心に弧を描くので「逆さ虹」といわれることがありますが、雲の氷晶によるもので虹の仲間ではありません。　（8月　千葉県柏市）

□ 写真7

環水平アーク（水平環）

太陽高度が高いときは、環天頂アークと同じような原理で環水平アークが南の低い空に横に伸びるように見え、プリズムのようにきれいに色分かれします。この写真を撮った日には、関東一円で1時間以上あざやかに見え、各気象台などに問い合わせがたくさんあったそうです。　　　　　（4月　茨城県八郷町）

□ 写真8・写真9

タンジェントアーク（上端接弧）

日暈の上端に接した弧状の光がまれに見られます。太陽高度が低いときはV字形になることもあります。空に浮かぶ氷晶がつくる光の現象は、ここにあげたほかにも、いろいろあります。

（上：7月　千葉県野田市、
下：3月　アラスカ）

コラム　夏至・冬至

地球は太陽のまわりをほぼ円形の軌道上を公転しながら、自転もしています。自転は南極と北極をつないだ軸を中心にした地球自身の回転です。この軸を地軸《ちじく》（地球の自転軸）といいます。

地軸は、公転面に対して垂直ではなく、23.4 度傾いています。このため、公転軌道上の地球の位置によって、太陽光線が北半球に多く当たったり、南半球に多く当たったりして、季節ができます。日本では、北半球に多く光が当たる時季が夏で、その反対が冬、中間が秋と春になるのです。夏のいちばん太陽光線が多く当たる日には、太陽が真南にきたときに見上げる角度が一年のうちでもっとも高くなり、昼間の時間ももっとも長くなります。この日を夏至《げし》といい、だいたい 6 月 21 日ころです。反対に、太陽が真南に来たときの見上げる角度がもっとも低く、昼間の時間がもっとも短い日は冬至《とうじ》といい、12 月 21 日ころです。夏至と冬至の中間で、昼間の長さと夜の長さがほぼ同じになる日は春分《しゅんぶん》、秋分《しゅうぶん》といい、それぞれ 3 月 20 日ころと 9 月 23 日ころです。

このように季節によって、昼間の時間や太陽の高さはちがいますが、日の出入りの方角も、やはり季節によって変

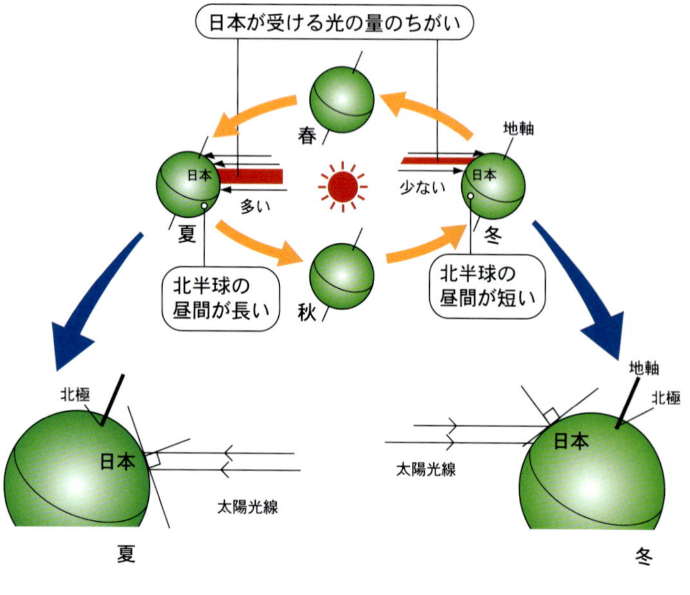

図　地軸の傾きと季節
地球が太陽のまわりを回るとき、地球に太陽光線の当たる角度は少しずつ変わります。夏には太陽光線は上の方から当たり、冬には低い角度で当たります。このため、夏は暑く、冬は寒くなるのです。

わります。日本で見る太陽は、春分や秋分のころは、ほぼ真東から昇り、真西の空にしずみます。しかし、夏至のころには約30度もその位置が北にずれ、冬至のころには約30度南にずれます。このずれは、沖縄より北海道というように、緯度が高いほど大きくなります。これにともなって、高緯度地方ほど、夏は昼間が長くなり、冬は昼間が短くなります。北極圏や南極圏と呼ばれる北極・南極周辺の地方ではこの差が極端になり、夏至のころには1日中太陽がしずまず（このころを白夜といいます）、また冬至のころには太陽が出ません。

夏至はいちばん太陽光線が多く当たる日ですが、大気が暖まるのには時間かかるため、1年でもっとも気温が高くなるのは、夏至の1カ月ほどあとです。さらに海水は大気よりももっと暖まりにくく冷めにくいため、海水温がもっとも高くなるのは夏至から2カ月後くらいです。冬至の場合も同じで、もっとも気温が下がるのは冬至から1カ月、海水温が下がるのは2カ月ほどあとです。このように、太陽光線と海、大気との間で熱のやりとりが時間差で起こるので、さまざまな風が吹き、複雑な天気変化が起こるのです。

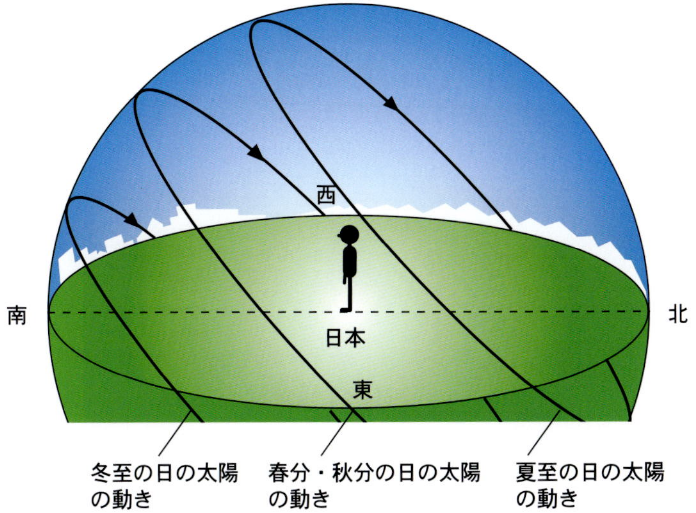

図　季節と太陽の動き（日本付近）
夏至のころ、日の出や日の入りの方角は、真東や真西よりも北にずれます。冬至のころは、南にずれます。観測する場所の緯度にもよりますが、冬至と夏至では、日の出の方角は30度くらいちがいます。

5-5

色分かれして見える雲　光環・彩雲

太陽にかかる薄い雲がつくる虹色

太陽を薄い雲（巻積雲、高積雲、層雲などが薄い状態の雲）がかくしたとき、太陽のまわりに虹色の円盤状の輝きが見られます（写真 1）。これを日光環《にっこうかん》（日光冠）といいます。広がりは太陽の見かけの大きさの数倍で、雲の粒が小さいときにはもっと大きくなります。色はわかりにくいですが、周囲が赤く見え、さらに外側に色が二重、三重になっていることもあります。太陽がまぶしいときは、サングラスをかけて見るといいでしょう。また、夕日のまわりに虹色にきれいな光環が見られることもあります（写真 2）。

どちらかというと、月のまわりにできる月光環《げっこうかん》（月光冠）の方がまぶしくなくて観察しやすいでしょう（写真 3）。じつは、これと同じ現象は、街灯の水銀灯のまわりにもよく見えますし、曇った窓ガラスを通した太陽や月でも簡単に見られます。これらを合わせて光環《こうかん》（光冠）といいます。

光環の色と光の回折

光環に色がついて見えるのは、光の回折《かいせつ》という現象のためです。光は雲粒のような小さい粒子にぶつかると、その粒子を回り込んで曲がります。これが光の回折ですが、この曲がり方は、波長が長い赤い光ほど大きくなります。このため、光環の外側の方が赤い色になるのです。また回折を起こさせる雲粒が小さいほど大きく曲がります。曲がる角度は雲粒の大きさによるので、雲粒の大きさがそろっていれば、同じ色の光はつねに同じ角度に曲がるため色のつき方ははっきりします。雲粒の大きさがばらばらのときはいろいろな色が混じって全体に白っぽくなります。

七色に色づく雲　彩雲

同じく光の回折によって起こるものに、雲の一部にピンクや緑などの色がついて見える彩雲《さいうん》という現象があります（写真 4）。澄んだ空の彩雲は美しく、昔から縁起がよいものと考えられてきました。彩雲がよく見られる雲は巻積雲で、太陽の近くにあるととくに美しい色がつきます。積雲や高積雲でも、条件がよい場合は彩雲となります（写真 5）。いずれの雲でも、薄くなって消えていくようなときが、雲粒の大きさがそろっていてきれいに見えます。雲粒は雲の周辺で小さく、中心に行くにつれて大きくなる傾向があるので、雲の輪郭にそって色がついてみえることが多いです。

□ 写真1

光環（光冠）

太陽のまわりが円盤状にとても明るく、外側が赤く見えています。太陽がまぶしいので凝視することはできませんが、二重または三重のきれいな色がついた円盤状になっていることもあります。太陽のまわりに現れる場合は日光環といいます。

（8月　長野県戸隠高原）

□ 写真2

夕日の光環

夕日では光環も夕焼けの色に染まります。あまりまぶしくないので、形や色がよくわかります。太陽と観察者の間に小さな水滴が舞っているために起こると考えられます。

（2月　千葉県野田市）

□ 写真3

月光環

月の光環は、とくに半月と満月の間がとてもきれいです。雲の種類や、大気中の微粒子（もや、ちり、火山灰、黄砂など）によって月光環の見え方はさまざまです。粒子が小さい方が光環は大きくなります。（3月　静岡県本川根町）

□ 写真4

彩雲

とても美しい彩雲を撮影することができました。これほどのものはなかなか見られません。太陽からやや離れた巻積雲がさまざまな色に染まっています。彩雲は観測者から見た、雲と太陽の角度によって現れたり消えたりします。ですからちがう場所では同時に見られません。この写真は望遠レンズで撮りました。(12月　千葉県柏市)

□ 写真5

高積雲の彩雲

彩雲は巻積雲の場合が多いのですが、高積雲や積雲でもときどき見られます。雲が薄くて消えていきそうなとき、雲の粒子の大きさがそろって美しい彩雲になります。富士山の笠雲もきれいな彩雲になります。　(3月　栃木県日光市)

5-6

霧に映る人影と光の輪　ブロッケン現象

自分の影が虹色につつまれる

山を歩いているとき、霧や雲が眼下にあると、そこに自分の影が映り、影のまわりに虹色の丸い輝きを見ることがあります（写真 1)。この虹色の輝きを光輪《こうりん》（グローリー、後光《ごこう》）といいます。これは光環（142 ページ）と同じく、回折した光が見える現象ですが、光環とちがって太陽とは正反対の対日点（自分の頭の影が映る場所）の周囲に広がります。

この現象は、ドイツ・ブロッケン山で見られるものが有名なので、ふつうブロッケン現象と呼ばれています。巨大化して見える人間の影をブロッケンの妖怪といい、光輪はブロッケンの虹といいます。

ブロッケン現象を実際に体験すると、非常に不思議な感じがします。数人で同じあたりを歩いていて、それぞれの人がブロッケン現象を見ていても、ブロッケンの虹は自分の影にできるものしか見えず、隣の人のものは見えません。また自分が動くと、当然ながらブロッケンの虹もついてきます。

ブロッケン現象を見るには

この現象は、朝夕に太陽が出ていて、反対側の近い距離に雲や霧があれば、意外と簡単に見られます。太陽高度が高い日中でも、山の稜線などから下方の雲や霧に見えることがあります。高い山に登らなくても、川面の霧で見られる場所もあります（写真 2)。この写真を撮った福島県只見《ただみ》町の只見《ただみ》川の上流には雪どけ水をためたダムがあり、夏でも冷たい水が流れるので、よく川面に霧が発生します。早朝太陽が出ているとき、この川にかかる橋の上や岸から、簡単にブロッケン現象が見られます。

飛行機からブロッケン現象を見る

飛行機の離発着時または低空を飛行しているとき、雲に映る飛行機の影のまわりにブロッケンの虹が見えることがあります（写真 3)。

層積雲や積雲、高積雲などの水滴でできた雲が、近くにあるときが見やすいでしょう。大切なのは、飛行機の進行方向と太陽の位置関係を知り、太陽と反対側の翼のかからない窓側の席に座ることです。近くにある雲でブロッケン現象が見られたときは飛行機の影が相対的に大きく見えるので、ブロッケンの虹の中心が飛行機の影の中の自分の乗っている場所だということもわかります。

□ 写真1

ブロッケン現象

北アルプスの 3000 m の山頂から見下ろした霧に見えたブロッケン現象です。朝や夕方に山頂や稜線から、太陽と反対側に見られます。影をブロッケンの妖怪、虹色の円盤をブロッケンの虹といいます。　(7月　北アルプス白馬岳)

□ 写真2

川面のブロッケン現象

たいへん珍しい、川面に見えるブロッケン現象です。夏の早朝、冷たい川の上に薄く霧があり、そこに太陽の光が当たるときに橋の上などから見られます。他に人がいても、それぞれの人に見えるブロッケンの虹は1つだけです。（8月　福島県只見町）

□ 写真3

飛行機のブロッケン現象

飛行機が水滴の雲のすぐ上を通過するとき、よくブロッケン現象が見られます。自分が乗っている飛行機の場所の影を中心にできます。飛行機のブロッケン現象は、山や川へ行くよりも見える確率は高いでしょう。

（12月　太平洋上空）

5-7
月が赤く光ることがあるのはなぜか

赤い月が見えやすい条件は？

月が赤い色をして昇ってくることがあります。これは朝日や夕日が赤く見えるのと同じ原理です（121ページ）。満月前の夜明けの西空や、満月後の宵《よい》の東空に見える低空の月が観察に適しています。満月の日は空が明るいうちに月が昇るため、オレンジ色から黄色に見えますが、満月の翌日（十六夜）は、空が暗くなったころにほとんど丸い状態で地平線から昇るので、とても観察しやすいです（写真1）。

月が赤いのはふつう10分間程度なので、月の出入りの時刻や方角を確認して見逃さないようにするのが肝心です。月の出入りする位置は季節によってかなり変わり、季節が反対ときの太陽の出入りの位置とほぼ同じです。

皆既月食のときの赤い月

赤い月は昇るときばかりではありません。地球の影に月がすっぽり入るという皆既月食のときには、満月がオレンジ・赤・赤銅色などの弱い輝きになります（写真2）。皆既月食は、月と太陽の間にちょうど地球が入って、月に当たるはずの光を地球がさえぎることで起こります。このため、皆既月食のときに月面をほのかに照らすのは、地球の表面近くをかすめた光だけです。つまり、地球大気による散乱で赤くなった光だけが月に当たるのです。

このとき、もし月から地球を見たら、地球の周囲は夕焼けの色に染まって、赤くリング状に輝いて見えるはずです。皆既月食のときの月の色は、月が地球の影にどのくらい深く入り込んでいるか、また大規模な火山噴火で地球の大気が汚れていないかなどで、毎回異なります。1991年にフィリピンのピナツボ火山が大噴火して、成層圏にまで火山灰の微粒子が広がったことがありました。そのあとの1993年の皆既月食は、大気中に残っていた火山灰の影響で、肉眼ではほとんど見えないほど暗くなってしまいました。

写真1

赤い月

月が昇るときに赤く大きく感じます。大きく感じるのは人間の目の錯覚によることが多いのですが、明るさや赤さは季節や天候など空の状態でかなり異なります。　　（10月　千葉県柏市）

□ 写真2

皆既月食

満月が地球の影のちょうど真ん中に入ったときの写真です。このとき月面には地球の大気で散乱された赤い光（日が暮れたあとの夕焼けのような光）が届いています。　　（7月　福島県吾妻山）

5-8

数百km上空の大気が発する光 オーロラ

太陽からきた粒子が大気を光らせる

オーロラは大気自体の発光です。太陽表面から宇宙空間に放出される太陽風《たいようふう》（高速の電子や陽子）が、地球磁気圏を刺激して、高速の電子が地球の大気にぶつかって、その大気が発する光がオーロラです。原理としてはネオンランプが光るのと同じですが、オーロラには酸素原子が発する緑色の光がよく見られます（写真 1）。オーロラが発光する高さはだいたい 100～500 km です（図 1）。

オーロラを見るには

アラスカのフェアバンクスやカナダのイエローナイフなどオーロラがよく見られる場所は、地球の地磁気の極（地球を巨大な磁石と考えた場合のＳ極とＮ極の位置。北極と南極の位置とは少しずれている）のまわりをドーナッツ状に取り巻いていて、これらの地帯をオーロラ帯といいます。オーロラを観測するにはこのオーロラ帯の下に出かけるのがいちばんですが、夏は白夜のため見られません。寒い冬期間（秋分ころから春分ころの期間）に行くことになります。オーロラの出現は深夜に多いのですが、ようすは毎日異なり、太陽活動の影響も受けやすいので、インターネットで宇宙天気予報（宇宙環境情報）や、その他の公開されているさまざまな観測データを利用するといいでしょう。また見えるかどうかは天気にもよるので、最低三晩は見るつもりで旅行の計画を立てる必要があるでしょう。

オーロラを実際見るとわかること

オーロラは通常、夜になってしばらくすると見えるようになります。最初に天の川のような淡い光の帯が現れ、だんだん濃くなって緑色に見えてきます。それがカーテンのようにゆっくりと動きはじめます。他の方向にも現れ、ところどころで動きが激しくなると、一部にピンク色や青紫色、そして高い部分には赤い色のオーロラも見られるようになります。肉眼で見ると色は淡く、写真で見るほど鮮明ではありません。淡い色の色つきセロファンを空に貼ったような感じです。

写真やテレビで紹介されることの多いオーロラですが、実際に見ると、さまざまな発見があります。

○オーロラが明るくても、背後の星が見える。

○カーテン状の下部がピンク色に輝いてひらひらとゆれ動く。

○たくさんの光のすじがたてに入って、つぎつぎに入れ替わる。

○光のかたまりがあちこちで現れては消える。

○頭上に来たとたん放射状に大きく広がる。

○空全体が真っ赤（血のような深い赤色）になる。

○空全体にオーロラが幾重・幾すじもの輝きとなって、激しく踊るように動く。

○オーロラに向かってハイウェイを走っても、オーロラにはなかなか近づけない。

日本でもまれにオーロラが見られる

日本でも低緯度オーロラという現象がまれに見られることがあります。北海道での出現が多いですが、本州でも数年から数十年に１度程度観測され、写真に写されることがあります。極周辺で見られるようなカーテン状とはちがい、南に張り出したオーロラの上部の赤い部分だけが、北の地平線上にわずかに見えるだけです（写真２、図１)。地球は球体なので、緯度の高い北海道で見える確率が高く、本州ではより低空に弱い光となります。日本では昔から知られていたようで、「赤《せっ》気《き》」と呼ばれて古文書にも記述が残っています。赤気は遠くの山火事と思われたこともあるようです。

低緯度オーロラは珍しい現象ですが、太陽表面での大規模なフレア（爆発）などがきっかけで起こりますので、前述の宇宙天気予報をこまめに調べていれば、観察できるかもしれません。

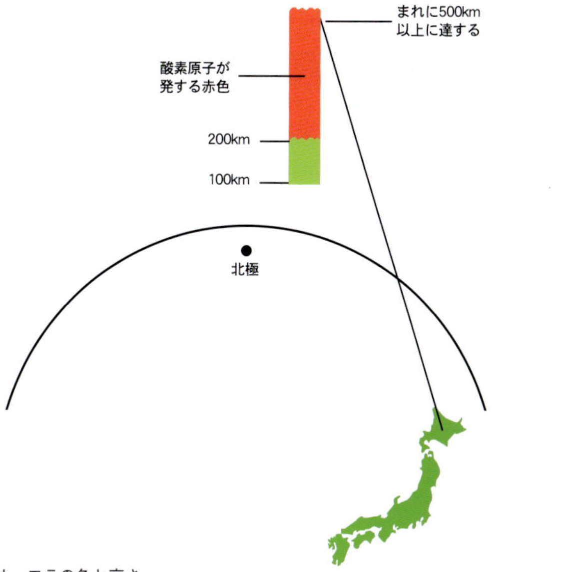

図1　オーロラの色と高さ
オーロラの色は、どの種類の原子がどんなふうに光るかによって決まりますが、それはオーロラの高さと関係があります。いちばん多いのは、高さ100～200kmに見える酸素原子の緑色の光ですが、まれに高さ500kmあたりまで酸素原子が赤い光を放つことがあります。これが日本など、低緯度地方で地平線近くに見えることがあるのです。

□ 写真1

オーロラ

頭上に大きくやってきたカーテン状のオーロラです。この写真は、地平線が丸くなっていることからわかるように対角魚眼レンズで撮りました。オーロラは地面に寝ころんで見るのがいちばんです。　（3月　アラスカ・フェアバンクス郊外）

□ 写真2

日本のオーロラ

太陽に巨大な黒点が現れ、大きな爆発（フレア）が起こり、オーロラ活動が通常より低い緯度まで下がりました。本州各地で、北の地平線上がわずかに赤くなる低緯度オーロラが撮影できました。写真中央の光は、風力発電機の照明です。　（10月　茨城県里美村）

あとがき

気象現象は、本で知るだけでなく、自分で観察することが大切です。この本で気象現象を理解したあとは、読者の皆さんにもぜひ、自分の目で見てほしいと思います。

日本は大陸と海洋からの風を受け、まわりには暖流と寒流があるので、四季の変化とともに気温や湿度のちがうさまざまな空気が流れてきます。自宅の窓からというように、定点で観測していても、毎日の空の変化に飽きることがありません。それに日本は北海道から沖縄まで南北に長いですし、高い山もあります。車で数百km走ったり、飛行機で1〜2時間移動したり、あるいは数時間山を登れば、たった1日でたくさんの気象現象に出会うことができます。そうして気楽に空を楽しみましょう。

慣れてくると、現象が起こる場所や時期を予想することもできるようになります。しかし、さまざまな気象現象に接してみると、予想を越えた感動があり、知識から想像していたものとはかなりちがうことがあります。振り返ると、もう二度とこんなにすばらしい現象には出会えないだろうというものもたくさんあります。私も、そうした自然現象の奥深さを感じてきました。

私が空に興味を持ったのは小学校時代にさかのぼります。夕焼けや虹、星や流星など、空には美しいものがたくさんあるものだと感動してきました。そのころから、試行錯誤しつつ写真撮影をおぼえ、本や事典で知った現象を一つ一つ、機会をとらえながら観察し、撮影してきました。この本を出す今となって、「数々の道標を確かめ、時間をかけてやっと大きな山に登った」と例えられる感慨をおぼえます。

この本で紹介した以外にも、気象現象はまだたくさんあります。観測例や写真が少ない現象もあります。今後もライフワークとして、気象現象の観察と写真撮影を続けて、この自然の世界を自分なりに確認していきたいと思っています。

最後に、長い年月をかけて本をまとめてくださった、草思社の木谷東男社長と、編集の久保田創さんにはたいへんお世話になりました。感謝申し上げます。

2005年6月

武田康男

写真１　入道雲
白い雲を白く、細かい模様まで写すには、プラス 1～2 程度の露出補正をしてやや明るめに写します。補正がよくわからないときは、まわりの空で適正な露出を計ることもできます。
（7月　栃木県日光市）

写真２　朝霧と太陽
太陽を中心近くに入れて撮る場合、そのままではまわりが真っ暗になってしまうことがあります。太陽からややはなれた空の明るさに合わせてから、その状態で太陽を真ん中に入れてシャッターを押すとうまく写ります。
（12 月　千葉県柏市）

付録：気象写真の撮り方

ある日の夕方、大きな虹が出ました。道を歩く人はその美しさに感動し、携帯電話のカメラでさかんに撮影していました。今はカメラを持ち歩く人が飛躍的に増えています。

虹を撮影して、あとで写真を見てがっかりする経験はよくあることです。ふつうの写真の画角では、虹は一部分しか入りませんし、たくさんの色の輝きは、なかなか思うように写ってくれません。この本に掲載されている虹の写真は、超広角レンズを用いたり、フィルム面積の大きなブローニー判カメラを利用したものもあり、また、すべての写真は色の再現性のよいリバーサルフィルムを使っています。このように適切な機材を使い、露出やシャッタースピードなどもうまく合うと、とてもきれいな写真が撮れます。とくにハワイで撮影した写真（129ページ）は肉眼で見て感動したイメージに近い写真です。

気象現象を撮影するためにまず大切なのは、つねに機材を準備しておくことです。気象現象は数分間で終わってしまうものが多いですから、気がついてから１～２分程度でカメラを用意して撮影できるようにしておきます。私はいつもブローニー判のフィルムカメラとコンパクトデジタルカメラをカバンに入れて、できるだけ対応できるよう心がけています。望遠レンズや超広角レンズもできるだけ身近な場所に置いています。

できれば少し勉強して、気象現象が起きる場所や時期を予想できるようになるとよいでしょう。この本が役に立つはずです。たとえば、虹は、出るときの天気や時間、見える方角が限られています。雷は、インターネットなどから情報が得られますし、雲のようすからもわかります。太陽の近くにある巻積雲などには、彩雲の可能性があります。気温が氷点下のときに降る雪には、結晶が混ざっていることが多いです。台風の接近時には、いつもと違うさまざまな雲が見られます。

あらかじめ現象を予測して撮影にのぞめると、準備にも余裕ができます。機材の選定や、絞りやシャッタースピードなどのカメラ設定も、被写体にあわせて行います（写真１～４）。あとは自分の感性で、現象をうまくカメラの視野に入れましょう。

写真３　海からわく霧
海面から霧がわき上がって、日の出直後の太陽を隠した瞬間に撮影しました。このようなときは、測光に時間をかけていられません。瞬時に、画面全体を測光するか、まわりを重点に測光するか、霧の一部分をスポット測光するのか判断します。心配なら明るさを変えてたくさん撮影することです。
（12月　茨城県大洗町）

写真４　雷
夜の雷は、光る明るさを予想して絞りを決め（ISO100でF5.6から11程度）、カメラを光りそうな方向へ向けてシャッターを開けておきます。10秒程度で雷が入らなければ、シャッターを閉じて次のコマを撮るという繰り返しになります。デジタルカメラを使えば枚数を気にせずにたくさん撮れます。
（7月　栃木県日光市）

そうしてきれいに写せた写真は、ぜひ多くの人に見せてほしいものです。大きく伸ばした美しい発色の写真を撮りたい場合は、ブローニー判などのフィルムの大きなサイズのカメラが適しています。デジタルカメラの場合も、一眼レフタイプの優秀なレンズを用いたものがよいでしょう。

色の再現性では、リバーサルフィルムにはなかなかかないませんが、デジタルカメラにもさまざまな良さがありますから、積極的に活用してください。たとえば、気象現象を撮影する場合、場所と日時の記録が大切です。フィルム式カメラの場合は、ふつう日時の記録ができませんが、デジタルカメラの場合は日時や、さらには絞りとシャッタースピードなどの撮影データも詳しく記録されるので、とても重宝します。また、霜や雪の結晶などを撮影するときは、対象が小さいのでマクロレンズという特殊なレンズを用いることもありますが、コンパクトデジタルカメラの場合は数cm程度の近い距離まで写せるものも多く、ピントの合う範囲も広くてたいへん便利です。広角から望遠までのズーム機能があり、近くのものも写せるコンパクトデジタルカメラは、300万画素以上あれば、1台で有効に使えます。

オーロラのように、暗い光の撮影でも、デジタルカメラは活躍します。一眼デジタルカメラに明るいレンズを用いて、画質が荒れない程度の高感度で、数秒～数十秒間の露出でオーロラを撮ると、肉眼では感じないものまでよく写るのです。ただし、寒さでバッテリーが弱ってしまうことに注意しなくてはなりません。

デジタルカメラを使ってオートモードで撮ると、空にフォーカス（ピント）が決まらずにシャッターを押せないことがあります。こういうときは手動で無限遠（∞）に設定しなければなりません。また、太陽光などのまぶしい光を手でかくさないと、正しい露出が得られないこともありますから、注意しましょう。虹のような微妙な色を撮るときは、感度を低めにして最高画質に設定しないと、うまく写りません。

カメラの進歩は、デジタルになって早くなりました。次々にいいものが出ますが、自分なりの機材と撮影方法を考えましょう。

参考文献

『新しい科学　2分野下』　東京書籍

『一般気象学［第2版］』　小倉義光著、東京大学出版会

『風のはなし1』　伊藤学編、技報堂出版

『気候学・気象学辞典』　吉野正敏・浅井冨雄・河村武・設楽寛・新田尚・前島郁雄編、二宮書店

『気象科学事典』　日本気象学会編、東京書籍

『気象の事典』　浅井冨雄・内田英治・河村武監修、平凡社

『雲と雨の気象学』　水野量著、朝倉書店

『最新天気図と気象の本』　宮澤清治著、国際地学協会

『写真集　雲　とちぎの空風景』　海老沢次雄著、随想舎

『図解　気象の大百科』　二宮洸三・新田尚・山岸米二郎編、オーム社

『雪氷辞典』　日本雪氷学会編、古今書院

『空の色と光の図鑑』　斉藤文一・武田康男著、草思社

『太陽からの贈りもの』　Robert Greenler著、小口高・渡邉堯訳、丸善

『天気がわかることわざ事典』　細田剛著、自由国民社

『登山者のための最新気象学』　飯田睦治郎著、山と渓谷社

『虹』　西條敏美著、恒星社厚生閣

『光の気象学』　柴田清孝著、朝倉書店

『よくわかる気象・天気図の読み方・楽しみ方』　木村龍治監修、成美堂出版

『雷雨とメソ気象』　大野久雄著、東京堂出版

楽しい気象観察図鑑

2005 © Yasuo Takeda
著者との申し合わせにより検印廃止

2005年 8 月 5 日　第1刷発行
2021年 8 月17日　第7刷発行

著者（文・写真）　武田康男

ブックデザイン　清水良洋＋西澤幸恵（Push-up）

発行者　藤田 博

発行所　株式会社　草思社
〒160-0022　東京都新宿区新宿1-10-1
電話　営業 03(4580)7676
編集 03(4580)7680

印刷・製本　凸版印刷株式会社

ISBN 978-4-7942-1424-9
Printed in Japan